如何成为一个会思考的人

[日] 西成活裕 著

富雁红 译

東大教授の
考え続ける力が
つく思考習慣

民主与建设出版社
·北京·

© 民主与建设出版社，2022

图书在版编目（CIP）数据

如何成为一个会思考的人 /（日）西成活裕著；富
雁红译 . -- 北京：民主与建设出版社，2022.5
ISBN 978-7-5139-3812-9

Ⅰ . ①如… Ⅱ . ①西… ②富… Ⅲ . ①思维方法 - 通俗
读物 Ⅳ . ① B804-49

中国版本图书馆 CIP 数据核字 (2022) 第 060808 号

TODAI KYOJU NO KANGAE TSUDUKERU CHIKARA GA TSUKU SHIKO SHUKAN
by Katsuhiro Nishinari
Copyright © Katsuhiro Nishinari, 2021
All rights reserved

Original Japanese edition published by ASA Publishing Co.,Ltd.

Simplified Chinese translation copyright 2022 by Beijing Mediatime Books co.,Ltd.
This Simplified Chinese edition published by arrangement with ASA Publishing Co.,
Ltd., Tokyo, through HonnoKizuna, Inc., Tokyo, and BARDON CHINESE CREATIVE

著作权合同登记号 图字：01-2022-2830

如何成为一个会思考的人

RUHE CHENGWEI YIGE HUI SIKAO DE REN

著　　者	[日]西成活裕	
译　　者	富雁红	
责任编辑	程　旭	
封面设计	仙　境	
出版发行	民主与建设出版社有限责任公司	
电　　话	（010）59417747　59419778	
社　　址	北京市海淀区西三环中路 10 号望海楼 E 座 7 层	
邮　　编	100142	
印　　刷	唐山富达印务有限公司	
版　　次	2022 年 5 月第 1 版	
印　　次	2022 年 5 月第 1 次印刷	
开　　本	880 毫米 ×1230 毫米　　1/32	
印　　张	7	
字　　数	104 千字	
书　　号	ISBN 978-7-5139-3812-9	
定　　价	48.00 元	

注：如有印、装质量问题，请与出版社联系。

| 前言

我们现在生活的社会，人、信息、工作，所有事情都错综复杂地交织在一起。

我的专业是"拥堵学"。在我看来，任何事物都能够导致拥堵。

人们的生活方式、工作方式、想法都已经多样化。在商业场上，要向哪种客群提供什么样的商品才能成功？自己到底应该选择怎样的人生道路？

类似这样的烦恼，应该很多人都有吧。

就好像身处一个迷宫中，找不到出口，茫然徘徊。

这个世界变得越来越复杂，有的人会感到不知所措，踌躇不前。而有的人却跃跃欲试，感到这是自己的机会，兴奋地享受着挑战的乐趣。

你更接近哪种类型呢？

迄今为止，我一直致力于解决多个领域的难题，包括缓解高速公路和机场的拥堵，缓解沙特阿拉伯圣地的拥堵，并曾与丰田公司以"改善"而闻名的生产方式学者山田日登志等人一起，改善制造业生产现场的工作效率。

通过这些工作，我意识到无论遇到什么困难，只要我们持续思考，就一定有克服的方法！

毋庸置疑，在充满挑战的时代，能够发挥"思考能力"的人更容易获得成功。

但事实上，有的人能够最大限度地发挥出思考能力，而有的人却完全不愿意去思考。

我考入东京大学以后，逐渐意识到思考的重要性。

在东大，来自全国各地的学霸精英、头脑王者们济济一堂，每天我都能痛切地感受到自己的不足。

"为什么那个家伙这么聪明？"

"那个成天玩麻将，却每次都考第一名的人，和自己到底有什么不同？"

当时的我，一直在思考这些事情。

于是，我开始仔细观察那些出类拔萃的聪明人的言行。

当我问他们"为什么你这么厉害"时，得到的回答大多是"多想想就会了啊""即使不学习，好好思考该怎么做不就会了吗"。

我感到很郁闷："真是气人，我自己也在试着思考啊，但就是做不到才问的嘛。"

恐怕大多数普通人都和我一样，完全弄不懂那些聪明人的思考方式。

但是，我不能这么不明不白就算了。同样都是人，为什么差距这么大？真是让人很不甘心，我不愿意就此认输。

其实，我曾有过报考几所国立和私立高中全部落榜的经历，那个时候，我才意识到原来有那么多比我聪明的人。我备受打击，情绪低落。

这是我人生中的第一次挫折，给我造成的伤害很大，我甚至在家里苦恼了差不多三天。

不过，多亏了自己不愿服输的性格，我在老家的县级高中拼命学习，终于考上了东京大学。

进入东大以后，这里处处活跃着超级精英和天才学霸让我始料不及，我再次受到强烈的打击！刚从落榜的深渊中爬出来，好不容易找回来的自信，又在考上东大后灰飞烟灭了。

从那时起，我就养成了一种习惯，就是从聪明人的身上观察和分析自己所缺少的东西。

我攻读硕士时，学费和生活费都要靠自己打工来赚取，经济十分窘迫，因此对未来也非常焦虑。但我告诉自己必须拼命地生存下去，要想将来在社会上取得成就，必须让自己变得更加聪明。

读研究生期间，我经常听到身旁的学生们说"只要去思考就能弄明白"。我以此为出发点，找到了他们的一些共同点。

所谓聪明之人，就是不仅会思考，而且会持续思考的人。

这和锻炼肌肉、马拉松训练等运动是一样的。也可以说，"思考的体力"越锻炼越强大。

我们遇到问题时，一旦停止思考，思维就会停滞不前。相反，只要持续思考，思路就会越来越宽广。

我把持续思考所需要的七种思考能力，与身体的体力相对应，命名为"思考体力"。我自己成功锻炼了思考体力，养成了持续思考的习惯。

因此，我能够作为一名数学物理学者，创立"拥堵学"和"无用学"，并在 42 岁时成为东京大学的教授。

因为工作关系，我接触到很多一流企业管理者以及活跃在各个领域最前沿的人。不出所料，他们都拥有这种思考习惯。

可以毫不夸张地说，成功者和普通人之间的差别，就在于是否拥有这种思考习惯。

因此，我在本书中对养成思考习惯所必需的七种思考能力（思考体力）进行了说明，并以通俗易懂的方式说明了在不同情况下，如何对这些能力进行组合才能发挥作用。

想转行或做副业的人，只要拥有正确的思考习惯，就可能成为社会所需要的人才。

无论是对生活方式或工作方式感到迷茫的人，还是对人际关系感到烦恼的人，只要拥有正确的思考习惯，就能够找到解决问题的突破口。

只要不放弃，持续思考并不断学习，就能取得成功。

培养思考习惯，不需要花费一分钱，也完全不受时间和地点的限制。

就算大家忙得不可开交，或者觉得太麻烦，也不要放弃这件事，要坚持不断地思考。

如果你每天只知道玩手机、看电脑，没有养成主动地持续思考的习惯，就要有些危机感了。

这是因为，在复杂多变、不确定性很强的今天，能够持续思考的人和不会思考的人之间的差距会不断扩大。特别是符合以下 14 种情况的人要多加注意了。赶快来自测一下吧！

〈需要注意的情况〉

1. 没有想做的事。

2. 不知道该为自己的将来做些什么。

3. 什么事都想得过于简单。

4. 总是在中途受挫。

5. 无法获得准确的信息。

6. 因疏忽大意而引起很多失误。

7. 很容易上当受骗。

8. 计划安排不周。

9. 不机灵。

10. 只顾眼前利益而受损失。

11. 选择错误。

12. 遇到困难的时候，想不出办法。

13. 失落的时候，无法振作起来。

14. 无法集中注意力。

以上这些情况，都是没有养成良好的思考习惯造成的。如今，这些问题已经不仅局限于个人层面，而且日益凸显为全社会的问题。

大家都会存在各种各样或大或小的问题，在解决问题的过程中，没有人知道哪种方法是最好的。

但如果我们因此便停止思考的话，只会将解决问题的道路堵死，一步都无法前行。

培养持续思考的习惯，与年龄、职业、经济能力、环境等因素都没有多大关系。只要进行持续思考的训练，即使从现在开始，你也完全能够锻炼出自己的思考体力，养成良好的思考习惯。

养成良好的思考习惯，你会离自己所期待的人生越来越近。如果本书能对大家有所裨益，吾将不胜欣喜。

西成活裕

目录 | CONTENTS

第 2 章　持续思考应该做的事的思考习惯

第 3 章　不被信息所迷惑的思考习惯

第 4 章　做出最佳判断的思考习惯

第5章　为了解决问题而养成的思考习惯

第6章　处理人际关系的思考习惯

第 7 章 能够马上行动起来的思考习惯

序 章

通过七种思考能力锻炼思考体力

思考体力是指面对任何难题，都能拿出解决办法的力量。

这样的解释，使得思考体力听起来像是一种十分惊人的才能。

其实，就像我们的身体拥有耐力、反射力、弹跳力一样，思考体力是每个人都拥有的，它由七种基本思考能力所构成。

这七种思考能力分别有助于解决前言中提到的 14 种情况。具体内容如下。

1. 自我驱动能力：主动思考的能力。

2. 多级思考能力：始终再往前多思考一个等级的能力。

3. 怀疑能力：怀疑一切的能力。

4. 全局能力：俯瞰全局的能力。

5. 区分能力：将事物分类选择的能力。

6. 飞跃能力：在思考的阶梯上连续跃过几级的飞跃能力。

7. 精细分解能力：将事物进行精细划分并思考的能力。

接下来，我将具体介绍每一种能力。

1. 自我驱动能力

自己思考并行动的能力就是自我驱动能力。就像发动机为汽车提供动力一样，如果没有这种能力，一切都无法开始。可以说，这是"思考体力"的原动力，是最重要的能力。

自我驱动能力这个词在我的专业"拥堵学"中，是指人和车等根据自己的意愿主动行动的能力。

当被别人要求做某事的时候，人们总是心不在焉，遇到一点挫折就想放弃。一旦没能事遂人愿或以失败告终的时候，人们往往会找借口说"不是我决定的"，或者推卸责任说"这是某某的错"。

但是，如果由自己设定目标，并积极开始行动，那么无论遇到什么困难，人们都会告诉自己这是自己决定的事情，并下定决心克服困难。

做自己想做的事情，我们能够集中精力，并乐在其中。

人生就像一场漫长的自驾之旅。

驶向自己心向往之的目的地，这才是最重要的。

那些缺乏干劲或容易受挫的人，需要提高自我驱动能力。

2. 多级思考能力

如果确定了目标，也就明确了终点。我们只有通过自我驱动能力奔跑起来，才能到达终点。

在这个过程中，难免会产生妥协和放弃的想法，对自己说"算了吧"或"我不行"。

如果我们不断鼓励自己，告诉自己"还有一级台阶""就剩一级台阶了"，就容易一步步地实现目标。而这种能力正是"多级思考能力"。

如果说自我驱动能力是发动机，那么多级思考能力就是不断踩踏油门的力量。就像运动中的耐力一样。

自己制定的目标是否实现，取决于自己能否坚持不懈地进行思考并采取行动。

把什么事情都想得过于简单的人，或者容易被别人的意见和信息所影响的人，尤其需要锻炼这种能力。

3. 怀疑能力

怀疑能力就像汽车的刹车一样，在确认自己的前进方向是否正确时，思考的油门不能一直踩着，需要暂时停下来的力量。

怀疑能力要求我们对自己做过的事和收集到的信息进行回顾，同时不断分辨正误，以提高做事效率。

拥有了怀疑能力，我们就能减少失误，做出更好的选择。同时，也能避免被错误的信息牵着鼻子走，降低被诱惑性条件和眼前利益所欺骗的风险。

这种能力对于那些从事不允许出现失误的工作的人非常重要，对于学校考生和准备考取资格证的人以及追求数字目标的奋斗者，也是不可或缺的。

同时，这种能力也是辨别网络上良莠不齐、鱼目混珠的信息所必需的。

4. 全局能力

人总是很容易被眼前的事情所影响。

专注于眼前的事固然重要，但如果只看一个"点"，就看不到整体的"面"了。

因此，我们不能像井底之蛙一样，看不到周围，而要像飞鸟那样俯瞰整体，这种能力就是全局能力。

拥有了全局能力，就能整体把控正在做的事情的进度，就能客观地把握这件事对全局的影响，就能了解接下来要走的道路以及下一步要采取的行动。

就像汽车的导航仪一样。

全局能力既能够在空间上拥有"周边视野"，也能够在时间上具有"前瞻性"。

不断地攀登一级级台阶固然重要，但使用这种全局能力俯瞰整体，可以做出更恰当的判断。

如果我们没有全局能力，做什么都可能只是权宜之策，容易浪费时间。

5. 区分能力

人生，每天都需要不断地做出选择。

我该往右走，还是往左走？

是选那边，还是选这边？

无论什么时候，我们都不会沿着一条道路顺利到达目的地，途中一定会遇到岔路口。在开车的时候，眼看就要堵车，你会烦恼到底是走普通公路还是高速公路，或者是绕行能更快些。

工作也是一样，选择的路线不同，途中看到的景色和到达的时间也会发生变化。

为了选择最适合自己的路线，在分歧点对选项进行分类、整理的区分能力十分必要。

这种区分能力，如果与怀疑能力同时使用，就可以增加更多选项，发挥出更大的力量。即使我们在重要场合或关键时刻，也能够做出正确的判断。

6.飞跃能力

在遇到问题，大家束手无策、陷入僵局时，有的人能够一下子就提出解决方案。

这样的人拥有飞跃能力，能够让思维飞跃好几级台阶，从完全不同的角度找到解决问题的方法。

就像当你还在权衡走哪条路能避免堵车时，他已经更换电车、巴士等交通出行方式顺利到达目的地了，给人一种跳跃式转换想法的印象。

特别是当你身处逆境、走投无路的时候，更需要飞跃的能力，善于把危机转化为机会。

7. 精细分解能力

精细分解能力，顾名思义，与俯瞰整体的全局能力相反，是一种对难以理解和掌控的事物进行精细分解的能力。

如果说一个台阶一个台阶地向上攀登的能力是多级思考能力，那么精细分解能力就是把过高的台阶分解为几个小台阶，也就是对事物进行分解，从逻辑上明确事物的构成要素的能力。

同时，这种能力也是关系到多级思考能力的第一级台阶该如何确定的重要能力。

例如，让探测器飞上月球的计划听起来很宏伟，也很艰难，但如果把要做的事情进行精细分解，那么每一个小计划都是不难实现的。比如，制造出在真空状态也不会脱落的螺丝，生产出可以远程操作的照相机等，再把各个事项组合在一起，就能够让探测器飞上月球了。

无论多么复杂难解的事情，我们只要将其分解为 10 块，再将 10 块分解成 100 块，就成为简单事项的组合了。这就是精细分解能力。

将事物进行恰当分解，也便于在实施的过程中进行怀疑和区分。

丰田汽车就将改善的诀窍做成了宣传语"分解后就明白了①"。

意思是说，如果只俯瞰整体，会有很多注意不到的事情，但如果把工厂各条生产线上的工作进行精细分解，就能看到每个生产环节中的浪费。

问题能否得到解决，取决于是否拥有精细分解能力。

以上这七种思考能力都是最基本的。这些思考能力虽然各自独立，但在解决问题时，如果将它们组合在一起使用，就能发挥出更好的效果。

也就是说，并不是只掌握其中一种能力就万事大吉了。在这些能力中，你可能有的擅长，有的不太擅长，所以一定要有意识地对上述所有能力进行训练。

平时，只要多留心这七种思考能力，养成持续思考的习惯，任何烦恼和困难都能迎刃而解。

那么，在日常生活中，这七种能力要在什么样的情况下，

_____

① 日语中，"分解"和"明白"的发音很相似。

怎样去进行组合运用才好呢？从下一章开始本书将对这些问题进行说明。

　　而且，从书中学到的内容，最好从现在开始就去实践。

第1章

找到想做的事的思考习惯

养成思考习惯，快速达成目标

在完成"拥堵学"之前，我就意识到养成思考习惯的重要性。

接下来，我简单地谈一谈如何使用七种思考能力（思考体力）。

我本来是专门研究流体力学的，但我并不打算把自己关在实验室里。

因为我希望能在自己擅长的领域，对社会做出贡献，解决一直困扰世人的问题。

这个动机非常强烈，因此我有足够的自我驱动能力。然而，我想要做的事情太过于笼统。

于是，我开始思考自己究竟能为社会做些什么。为了找到思考的方向，我把自己所能想到的一切社会问题都写在了笔记本上。

将抽象的事物具体化，需要精细分解能力。

将社会问题进行精细分解以后，与我的专业领域相关的一个主题浮出了水面。

人和物流通不畅的交通拥堵问题，是否可以通过套用数学及物理的理论和公式来消除呢？

我非常讨厌拥挤和堵车，记得当时想到这个主题的时候，我兴奋地喊道："就是它了！"

确定了"消除交通拥堵"这个目标以后，我立刻通过全局能力俯瞰全局，对所有与交通拥堵相关的研究都进行了彻底的查阅。

通过查阅，我发现人们对于交通拥堵问题的重视和研究与人口问题和环境问题相比，要远远滞后。

如果地球上的人口不断增加，经济也不断增长，那么汽车的数量也会随之增加。这种结论，通过俯瞰全局完全可以预见到。

另外，在查阅现有研究资料的过程中，我发现所有关于拥堵的原因和解决方法都不完善。

这时候就需要停下来思考，发挥出自己的怀疑能力：

"这些所谓的拥堵原因是正确的吗？"

"是不是还有其他更有效的解决拥堵的办法呢？"

关于拥堵问题，我通过怀疑当时被普遍认为是常识的所有观点，得到了各种各样的启示。

下一步，就需要用到多级思考能力来深入探究。

"拥堵是一种什么状态？"

"拥堵的原因到底是什么？"

为了弄清楚拥堵问题，我一级接着一级，不断地攀爬着高达上百级，甚至上千级的思考台阶，中途也曾无数次地想过要放弃。

这时，就需要区分能力登场了。

在探寻拥堵的原因时，我会列举出多个不同的情况，这样就能明确哪个才是最大的问题，从而更直接地解决问题。

我也曾在思考的阶梯上止步不前，感觉已经无法再前进了。

我做这项研究四年左右的时候，依然没有人关注我，每次轮到我发表学术见解的时候，会场的人就陆续离开了，我懊恼到落泪……

那时我一筹莫展，好像自己一个人在黑暗的隧道里行走，看不到希望。

就在那时，蚂蚁的行进给了我一个全新的思考角度。

"蚂蚁为什么从来不拥堵呢？"我注意到这个现象以后，马上开始调查原因，希望能将蚂蚁的交通法则运用到人类社会的堵车问题上。

这种灵感的闪现，正是来源于飞跃能力。

我根据研究发现，由于信息素①浓度的关系，蚂蚁会始终与同伴保持一定的距离。蚂蚁的这种生理特点使我受到了启发，得出了只要车距在 40 米以上就不会发生自然拥堵的结论。

这就是"拥堵学"的开端。

如果没有将蚂蚁和堵车关联起来的飞跃能力，很可能就没有如今"拥堵学"的存在。正是因为拥有这种思考习惯，我才能够开辟出新的研究领域。

这并不局限于学术世界。

不管是在工作中还是在生活上，思考习惯都是不可或

———————

① 信息素，是昆虫由腺体分泌到体外，被同物种的其他个体察觉，使后者表现出某种行为、情绪、心理或生理机制改变的物质，具有通信功能。

缺的。

　　换言之，如果没有使用思考体力进行持续思考的话，我们很容易将事情想得太容易，从而导致失败。

　　当然不能说失败一定不好，失败所带来的经验教训也很重要，但人生的时间毕竟是有限的。须知，要想以最直接有效的方式实现人生目标，自我驱动能力、多级思考能力、怀疑能力、全局能力、区分能力、飞跃能力和精细分解能力都是同等重要的能力。

将自己喜欢的事和有益于他人的事结合起来

还没有踏入社会的学生可能会觉得社会上的工作离自己还很遥远，但其实不是这样的。

最应该认真考虑自己想做什么的时机，正是刚升入高中或大学，以及刚刚开始找工作的时候。

迄今为止，我已经为全国 10 万多名初、高中生和大学生进行过培训和演讲，每次都会提出很多关于"如何发现自己想做的事情"的建议。在这里向大家介绍一下。

每次我刚开始演讲的时候，大家都是一副不耐烦的表情。但是，当我提出某些容易引起学生兴趣的问题的时候，他们的眼睛开始闪闪发光。

"你们喜欢什么？任何事物都可以，试着写出来吧。"

接下来，他们会在纸上写出自己喜欢的东西和喜欢的事情。

我也会跟大家聊我自己："老师喜欢《勇者斗恶龙》这

个游戏，还喜欢看动漫《宇宙战舰大和号》，你们没听过这个动漫吧？"

于是，台下开始热闹起来。"《勇者斗恶龙》我也玩过！""《宇宙战舰大和号》我听说过！"

由此，会场里开始了对游戏和动漫的大讨论，气氛非常热烈。

如果有的学生表示没什么特别喜欢的东西，对什么都不感兴趣时，我就会问他："那么你喜欢吃什么食物？"于是，对方会回答喜欢寿司等。

当问到"你在做什么的时候心情最好""做什么事情最开心"时，他们会回答看某人的视频时或者和朋友聊天的时候最开心，等等。

任何一个孩子都有自己喜欢的东西，只是他们平时可能没有意识到。

接下来我还会问他们："还有一个重要的问题，你们认为如今的社会，大家都在为什么而烦恼？"

于是，大家会七嘴八舌地说出诸如经济、环境、老龄化等各种各样的社会问题。

"那么，你们觉得怎样才能利用自己喜欢的事物来解决这些社会问题呢？"我终于引出了正题。

　　台下出现了很多声音：让喜欢玩游戏的人制作面向老年人的游戏，帮助老年人预防认知障碍症；喜欢聊天的人，可以去考心理咨询师的资格证，倾听人们的烦恼并帮助他们；等等。

　　接下来，让他们思考这些意见的共同点。

　　"你认为这些事情具有哪些共同点呢？"

　　那就是，在帮助别人解决问题的时候，对方会对你说"谢谢"。

　　也就是说，只有做了对别人有帮助、让人心生感激的事情，我们赚到的钱才有意义。除此以外的钱，最好都不要触碰。

　　然后，我会提示大家："如果大家都喜欢，而且这件事情对社会有用，就说明有金钱价值。再继续去思考具体该怎么做，也许就会产生灵感。"

　　如果你不知道自己该做什么，可以试着随心所欲地写出自己喜欢做的事情。

　　再思索在这些事情中，哪些事情会对别人有帮助，对社会有益，也许你会有意想不到的发现。

我在工作中遇到的那些优秀的企业管理者和成功人士，无一例外都非常擅长将自己喜欢的事和有益于他人的事结合起来。

如果能通过自己喜欢且有益于他人的事获得不错的经济效益，那么人生简直再幸福不过了。

所以，我总是告诉那些听我演讲的学生们："无论花费多少年的时间，一定要好好思考在自己喜欢的事情当中，哪些事情是对他人有益的。如果你能认真地做好这些事，就一定能够收获幸福。"

这句话对于已经步入社会的成年人也同样有效。

现在所从事的工作，如果同时是自己喜欢和有益于他人的事，就不会有什么大问题。

反之，如果缺少了某一项，就容易不断感到不满和烦恼。那样的话，你还是考虑换个工作或者做点副业比较好。

迄今为止，我见过很多成功人士，也读过很多相关书籍，得出的结论是，如果工作只是为了自己赚钱，那么任何人都不会从中获得幸福。

要把有益于他人的事作为自己的工作。

以这种想法来调动自我驱动能力的人，一定能开足马力，干劲十足，同时，也不必担心走错方向。

将自己喜欢的事和有益于他人的事结合起来，并通过这种视角去环顾这个世界。

从小目标到大目标

在制定目标的时候，你是否有过"一定要做一些大事"的想法呢？

提出大的目标本身并不是坏事。

比如，喜欢棒球和足球的少年以成为职业选手作为自己的目标，是一件很自然的事情，谁也不能否定这个目标。

但如果目标制定得过大，就很容易失败。

因为目标越大，就越难达到，很容易中途受挫或选择放弃，失去自我驱动能力。

因此，一旦制定了大的目标，一定要相应地制定许多小的目标，一个一个地去完成，这才是现实的做法。

小目标虽然很小，但只要实现就会增强自信，也会体验到距离大目标越来越近的真实感。

如果说"成为科学家并获得诺贝尔奖"是一个很大的目标，那么小目标就可以定为"首先在明天的考试中获得 50 分"。

拿到 50 分后，接下来的目标就是 60 分、70 分……再继续提高目标，直到取得 100 分。

之后，开始准备参加高考，目标是考取那所曾培养出很多诺贝尔奖获得者的大学。

当这些小目标不断地实现，在不久的将来，就能感受到获得诺贝尔奖这一大目标的可能性。

最初的目标要简单易行，立刻就能实现，这样你才会有信心坚持不懈地努力。

那些不知道将来的大目标是什么的人，可以先从身边的喜好开始进行尝试。

我的很多学生不知道研究论文要写什么。

为此，我建议喜欢美式橄榄球的学生："要不要试着研究一下美式橄榄球的球体旋转问题？"

对于不喜欢学习只喜欢到处搭讪的学生，我建议他："怎样做才能提高搭讪成功的概率呢？试着做一下模拟分析如何？"

于是，那个学生很开心地进行了搭讪的研究，得出了非常有趣的结果。

如果你喜欢花，不妨先将"调查一下院子里的花"作为一个小目标。接下来，再去调查一下这个地区的花。

如果对日本的花有了更多的了解，可能就会将大目标设定为"成为一名生物学家，研究世界各地的花"或者"为了保护植物的种子而致力于解决环境问题"。

每完成一个小目标，你就会感受到成功的兴奋和喜悦，自我驱动能力就会不断地促使你加速前进。

不受外界干扰的自我驱动

人生总会遇到各种困难。

我在 50 年的人生中，也曾无数次碰壁。

余下的人生，一定还会遇到许多艰难困苦，我已经做好了心理准备。

我在读硕士的时候，第一次有了这种直面困境的感受。

我主动向家里提出不要给我寄钱，也不要帮我准备学费，把自己逼到了不打工就无法生存的境地。转眼间，我陷入了极度窘困的生活。

那时候，我每周只泡一次澡，去便当店吃过期的便当，甚至靠一袋挂面撑过了一周。

付不起房租的时候，我还曾睡在朋友家的仓库里……

尽管如此，我还是在极度贫困的窘境中，顺利地完成了硕士研究生课程。

正是因为那时经历了艰苦的生活，所以我现在无论遇到什么困难都能克服。

我想这一点今后也不会改变。

历经苦难会培养出自我驱动能力。

这个世界上的成功者们，正是因为在困难中磨炼出了强大的自我驱动能力，才能实现远大的目标。

反之，如果没有吃过苦，就很容易因为小小的失败和挫折而情绪低落、意志消沉，实现目标的自我驱动能力自然也容易变弱。

也有一些人因为过于在意别人的评价而止步不前。

有这种情况的人，需要降低对外界的敏感度，这样就很容易前进了。

坂本龙马①有一句名言，体现了钝感力的重要性。

"任凭千夫指，我心唯我知。"（坂本龙马《咏草二和歌》）

不管别人说什么，我都无所谓，因为我要做的事只有我自己知道，所以才会有如此的决心。

这种心胸在信息化社会的今天显得尤为重要，我们不必

---

① 坂本龙马（1836-1867）：日本明治维新时代的维新志士，倒幕维新运动活动家，思想家。

介意别人是否会批评自己做的事，也不必为此感到不安和悲观。

当然，我们对那些值得信赖的人的正确的批评建议，在保持怀疑的前提下首先要接纳和包容。但是，对于那些不怀好意的批评之声，要有一种钝感力，保持乐观的态度非常重要。

特别是在网络世界里，不负责任、毫无根据的意见比比皆是。如果将这些意见全盘接受，我们就很难继续前行。

有一件事无论如何都不能做，那就是决不能因为对自己没有信心，就把别人制定的目标，当成自己的目标。

比如，当你着手研究农业改革的问题时，大学老师要求你"现在农业方面出现的问题很多，你要好好研究一下"和你自己抱着"日本的农业再这样下去就不行了"的危机感去做这件事，结果一定是完全不同的。

被自己的想法所驱使而制定的目标，会满怀热情、积极主动地去努力实现，而借用别人制定的目标，无论怎样做，都感觉事不关己，干劲和驱动力会相差很大。

这就是"自我驱动"和"他人驱动"的区别。

当面对困难的时候，如果能有"这是自己制定的目标，一定要达成"的执念，我们就会用坚韧不拔的顽强精神去攻克难关。

反之，如果是别人制定的目标，一旦遇到坎坷，就容易把责任归咎于别人，认为"这件事又不是我决定""这件事都怪那个老师"，等等。

明明是自己的人生路，却要按照别人决定的目标去走，就会发生上面的情况。

任何事情都是如此，只要是从自己内心涌出的热切的愿望，就不会轻易放弃。

即使迷失了方向，不知道该朝着哪个目标前进，但最终的决定权还在于你自己。

只要是自己决定的事，就能够不断努力，直到做出成绩。

积累失败经验可以帮助发现想做的事

　　我经常对我的学生们说："不知道该做什么的人，哪怕花费 3 个月的时间也一定要思考清楚自己将来要做什么。"

　　听到这句话，聪明的学生会在 3 个月的时间里认真地思考自己有什么技能，适合什么工作岗位。

　　而不愿意花时间去思考的学生，他们中的很多人以"赚钱多，人气旺"为理由，跑去外资的金融公司或咨询公司就职。

　　结果，这些仅凭年薪和公司名气来确定职业的学生之中，有好几个人在不到 3 年的时间里身体就垮掉了，他们告诉我已经辞职不做了。

　　他们中有人说："（在外资金融或咨询公司）工作中遇到的都是动辄上亿元的项目，比起客户利益，更要优先考虑公司的利益，感觉非常纠结和矛盾。"

　　在工作 3 年左右的时候，如果使用怀疑能力、全局能力和精细分解能力对工作进行持续思考的话，很多人就会发现自己当时的选择是错的。

我有一位学生，他以前在外资企业就职，后来跳槽到一家年薪只有原来五分之一的制造企业。他说："我其实非常喜欢制造业，所以现在的工作让我更有幸福感。"

他在校上学的时候我就知道很喜欢制造业，但是我并没有刻意地阻止他去外企就职。

因为失败也是一种经验。

很多事情不经历失败永远也不会懂得，所以趁着年轻，多经历些挫折也是很有必要的。

尤其是东大的学生，他们都很聪明，很多人可能没怎么经历过失败。因此，我会建议他们去做自己想做的事："想怎么做就怎么做，趁着年轻，不断地经历失败吧。"

因为只有感受到失败的痛苦，才会找到一个完全不同的角度，静下心来认真地思考人生的意义和幸福的内涵。

而且失败的经验非常珍贵，随着年龄的增长，失败的代价会越来越大。

因此，二十几岁的时候可以不断地去尝试和发现自己想做的事。

40 岁以后做出选择则要更为慎重。

当然，很多人在年近 40 岁的时候，技能和经验已经积累到了一定程度，做出的判断更为明智。也就是说，他们已经拥有了更强的怀疑能力。

不服输能够激发自驱力

当被问到"你对自己是否有信心"这个问题时，能有多少人回答"我很有自信"呢？在我的认知范围里，没有自信的人比有自信的人要多出很多。

但是，没有自信未必是什么坏事。甚至可以说，越是没有自信的人，怀疑能力就越强，要从积极正面的角度来看待这件事。

对自己不自信的人，无论做什么都会很谨慎，反复确认："这样没问题吧？""这个方法对吗？"

我在上大学时，兼职做补习学校的老师，当时担任的是偏差值①最低的一个高中班。

————————

① 偏差值：是日本对于学生智能、学力的一项计算公式值。在日本，很多高校会用偏差值作为录取的唯一标准。偏差值通常以50为平均值，100为最高值，25为最低值。

其中有一名偏差值低于 40 的高一男生，我仔细观察了他为什么成绩差。后来发现他不管是解数学题还是物理题，大部分第一步就做错了，导致后面一错再错。

他本人已经失去了信心，深信"自己就是学习不好，肯定不行了"。但有一次，他说："我总觉得很不甘心，明明和大家听一样的课，为什么只有自己的偏差值这么低呢？"能够说出这句话，是因为他的自我驱动能力在发挥作用，也体现出他内心深处"不想输给同学""想让成绩提升"的意愿。

我本身也是不愿服输的性格，所以非常明白他的心情。我当然不会放弃他，决定陪他一起努力，我鼓励他说："你一定要进到偏差值最高的班里，让他们瞧瞧！"

到了高二以后，他增加了一对一的课程。因此，我正好可以帮他把以前错题中的步骤重新详细地讲解一遍。后来，他的成绩终于提高了。

他最大的优势就是具有怀疑能力，能够通过怀疑发现错误，并经常审视自己的方法是否真的正确。而且，最重要的是他的那种不甘落后于其他同学的动力，能够激发出强大的自我驱动能力，在发动机的马力全开的状态下努力学习，成绩必然会提升得很快。

最终，他从最初的偏差值不到 40，到两年后升入补习学校偏差值最高的班级。高考时他发挥出色，考上了东京大学，现在已经成为大学教授。

只要拥有自我驱动能力，即使没有自信，也完全可以挑战一下。

"没有自信"不一定等于"做不到"，反而可能成为培养思考习惯的好机会。

第 2 章

持续思考应该做的事的思考习惯

持续思考的人和只做不想的人是不同的

一旦确定了目标，接下来只要去做该做的事就好了。

这样去想，并付诸行动的人，分为两种类型。

那就是，持续思考和只做不想。

前几天我遇到了一件事，从中可以很清楚地看出这二者之间的差异。

那是在探讨"为了搞活地区经济，该如何吸引客流"课题的时候。坐在讨论席上，有思考习惯的人和没有思考习惯的人，一下子就能分得很清楚。

"A区新开的店铺该如何集客？"当抛出这样的问题时，没有思考习惯的人会说："我知道了，交给我吧。只要在店铺门前大喊'欢迎光临'，就会有客人进来的。"

这就是所谓的只做不想的人。

而另一个人给出了一个完全不同的回答。他认为进入店铺的客人，分为以下三种类型。

1．收集信息，对比后再决定去哪家店的人——信息收集型。

2．偶然路过，感觉这家店看起来很方便，很好吃——随意型。

3．以前来过还想再来，或者是为了使用上次给的优惠券——重复型。

与刚才那位只做不想的人相比，二者的精细分解能力完全不在一条水平线上。

而且，后者接下来还就如何集客进行了说明，认为需要采取以下几种针对不同类型客群的对策。这说明他的多级思考能力也很强。

不同类型客群的集客对策

1．信息收集型：有必要努力开发网络应用程序以及提升主页的访问量。

2．随意型：有必要在车站前发传单以告知顾客店铺的存在。

3．重复型：有必要通过积分卡、优惠券、评价打折等服务提升客人的实惠体验。

为了使这样的营销策略取得成功，需要找到在信息纷杂的网络上搜索到店铺的方法以及确定在车站前的哪个位置发放传单效果最好，这就需要用到全局能力。

"要想增加随意型顾客进店的人数，店面装修和菜单应该保持原样吗？"这种怀疑能力可以帮助思考如何进行品牌推广。

一旦养成了思考习惯，你就会和他一样，做的事情会变得非常具体。

这两位回答者的目标都是一致的，都是为了搞活地区经济，增加客流量。但是前者只想出一种方法来招揽顾客，而后者将一件事细分成几十个小问题，并能够针对不同客群采用不同对策。毋庸置疑，这二者的不同做法在结果上将产生很大的差异。

生活上的事情也是一样的道理，比如整理房间。

房间里一片狼藉，东西都乱七八糟地堆放在一起，这样的房间只看一眼就不想收拾了吧。

那么，如果只收拾玄关、只收拾走廊、只收拾床……像这样将房间进行分解会怎么样呢？

是不是感觉如果只收拾那里的话，或许还可以做到？

如果只有彻底打扫整个房间和置之不理任其凌乱两个选项，就很容易产生这样一种结果：要么放弃整理，继续住在脏乱的房间里；要么搬到新家，委托专业公司来处理。

这种时候，如果养成了持续思考的习惯，你就可以通过多级思考能力和精细分解能力，将需要做的事情一个一个分解，最终实现目标。

现在是一个做任何事都追求效率的时代。"三天就搞定！""10分钟就明白了！"像这样注重速度的观念似乎变得很普遍。

但是，脑科学表明，快速看过的东西很难在人们的脑海里固定下来。

从长远来看，越想尽快完成的事情，越容易浪费时间，也越容易受到损失。

俗话说"欲速则不达"，这句话在如今的时代更应该引起重视。

真正的欲速，是通过思考体力持续认真地思考是否有捷径。

因此，大家要养成持续思考问题的习惯，不要一味地为了追求效率而忽略本质。

通过多级思考能力思考三个层级，就会与别人拉开差距

姑且不论企业管理者或像我这样的专业人士该怎样，如果只是一个普通的公司职员，持续思考的习惯要分为几个层级比较好呢？

如果是商人，大学生或者自由职业者，又应该将思考习惯分为几个层级呢？

当你乘坐电车时，可能会遇到这样的情景。

一个孩子一直在问父母这个为什么，那个为什么，结果父母只说了一句"你太吵了，我也不知道"，就不再理睬孩子了。

如果用多级思考能力来评价，这样的父母连思考的第一个层级都算不上。

说孩子"太吵"是表示拒绝思考的意思，因此他们的思考能力为零。

而在其他情况下，一般人的对话也几乎都是一问一答式的。因此多级思考能力基本只有一级水平，顶多是二级。

其实，大部分的人在生活中都不会去深入思考。

到了职场上，虽然有很多人会大幅度提高思考的层级，但依然有些人认为什么事都是越快越好。他们既不读书，也不愿意仔细调查或者听取别人的意见，只想毫不费力拿到结果。

经验尚欠的人如果还不愿意多加思考的话，10 年后、20 年后，他们和那些有思考习惯的人的差距就会越来越大。

比如，如果领导要求明天必须做出一份企划书。

很多人会先装模作样地思考一下，然后临阵磨枪，在网上搜索信息，或者直接参考其他公司的热销商品，将这些内容凑成一个企划案草草提交上去。这样自己的思考深度只能达到一两个层级。

而有些人却能不断思考。首先告诉自己"等一下，别着急"，有了思路以后还会进一步提升思考层级，并反复思考还有没有更好的企划案，直到提交的最后一刻为止。

大多数人往往优先考虑提交时间，希望尽快完成工作任务，而工作能力强的人会坚持不懈地思考到最后一刻。

更确切的做法是，平时就把想法记录下来，储备好企划用的资料，养成反复深入思考的习惯。只有这样，才能更好地完成工作任务。

因此，我经常建议大家，无论多忙都要首先培养自己至少思考三个层级的习惯。

养成了做什么事都能思考三个层级的习惯之后，就可以试着把这三个层级再分别分解进行思考。这样的话，就会感觉一个层级变成了三个层级，从而使思考的层级不断提高。

我切身体验到这种感觉，是在拥堵学的概念提出两三年后的最艰难的时期。

当陷入思维困境的时候，我想出了一种看似笨笨的方法，把左也碰壁、右也遇阻的失败模式划分为不同的情况。

这是一种边使用精细分解能力进行思考，边使用区分能力进行探索的感觉。

失败的次数越多，就越可以使用排除法进行思考，距离成功就会越来越近。

所以，一开始不要害怕错误和失败，不管怎样都要将思考推到三个层级，并试着去实施，这一点非常重要。

如果害怕失败，就很难提升自己的经验。

如果你做不到多级思考的话，也可以先模仿那些多级思考能力很强的人，这种模拟体验也不失为一种尝试方式。

在商业领域，许多企业将多级思考能力导入OJT培训（在岗培训）①中。以前曾听一位银行的OJT培训负责人说过："老员工和新员工的区别，就在于老员工知道哪里可以省略哪里不能省略。"

这就是所谓的"工作节奏"吧。

对工作一知半解的新人，需要一点一滴仔细思考，认真去做，所以花费时间较多。而经验丰富的老员工知道哪些工作可以省略，所以工作起来速度很快。

这位负责人说："当然，不断地认真思考是很有必要的，但是经过一定程度的持续思考训练和经验积累后，记住如何省略也是工作之一。"OJT正是训练这些内容的，再次确认

---

① OJT培训（在岗培训）：是指在工作现场，上司和技能娴熟的老员工对下属、普通员工和新员工们在日常的工作中所必需的知识、技能、工作方法等进行教育的一种培训方法。

了工作节奏的重要性。

像这种隐性知识[①]在任何工作中都一定会存在。可以说，这就是一种走上多级思考阶梯的秘诀。

会工作的人，都拥有很多这样的隐性知识，擅长快速判断哪里应该登上阶梯，哪里不需要去攀爬。

---

① 隐性知识：是指不能清晰表述和有效转移的知识，包括非正式的、难以表达的技能、技巧、经验和诀窍以及洞察力、直觉、感悟、价值观、心智模式、团队的默契和组织文化等，具有不易用语言表达、不易衡量其价值和不易被他人所理解的特点。隐性知识已成为企业竞争优势的源泉之一。

将事物分解为三个要素进行思考

随着 AI 的发展，社会发生了急剧变化，而且全球自然灾害频繁发生，现在已经到了完全无法预测未来会如何发展的时代。

在商业世界中，这样的时代被称为"VUCA 时代"（Volatility——易变性，Uncertainty——不确定性，Complexity——复杂性，Ambiguity——模糊性）。

变化剧烈、不确定、复杂且模糊的状况，容易引起人们的不安和混乱，这是事实。

但另一方面，社会上也存在即使经过几百年、几千年也不会改变的东西。

数学就是这样的东西。在数学的世界里，没有过时的概念。

几千年前也好，现在也好，一加一都是等于二。数学上已经被证明的事情，将来也绝对不会改变。

数学家拥有这种感觉是非常重要的。以前，我和一位经济学家朋友讨论的时候，他就曾说："这一点就是我和西成的区别啊。"

在商业世界里，人们往往需要思考如何在快速变化的社会里不溺水，挣扎着生存下去。

而数学拥有在任何时代都不会改变的普遍逻辑，这构成了数学家的脊梁，无论发生什么都不会被压弯。

在数学中，若 a 等于 b，b 等于 c，则 a 一定等于 c。只要有不变的逻辑作为脊梁，就能挺直身躯，不会被频繁的变化牵着鼻子走。

比如，随着 AI 的发展，电脑也在不断升级，有人说必须要学习新操作系统的使用方法，其实我很想告诉他："在此之前，最好学习一下那些即使操作系统改变也不会变化的基础知识。"

电脑的基础是一种系统架构设计，包括连接操作系统和应用程序的接口的文件输入 / 输出和数据库的状态等。

无论操作系统如何升级，架构都不会轻易改变。

当我们需要学习和掌握的东西越来越多时，要更多地去思考在 VUCA 时代，有什么东西是不变的，要以这样的视角去面对社会。

无论情况如何变化，总能将目光投向确凿可靠事物的人，才更容易取得最终的成功。

因为，能否取得成功，取决于能否将复杂多变的事情尽量简化。

在简化事物时，区分能力非常重要。

不管看起来多么复杂的事情，都可以分为三个要素。

如果你学习过物理学中的混沌理论①就会很清楚，三个要素交织在一起，会出现很多复杂的现象。

也就是说，无论将来出现多么复杂的现象，都不要孤立思考，而要将其当成三个要素的集合体，这样就可以把问题简化。

因为只有两个要素就过于简化了，三个是最基本的。

比如，思考一下上市公司的工作，通常是由董事会、管理层和员工所构成。

————————————

① 混沌理论：是一种兼具质性思考与量化分析的方法，用来探讨动态系统中（如人口移动、化学反应、气象变化、社会行为等）必须用整体的、连续的而不是单一的数据关系才能加以解释和预测的行为。

像这样，当遇到问题的时候，首先大致将其分解为三个要素，然后探究问题的原因在哪里，就更容易找到解决方案。

想做的事情，要将其简化，以便于理解。

用时间轴划分想做的事

面对着好几件要做的事，很多人都会犹豫，不知道该做哪件。

但这才是人生的有趣之处，在没有正确答案的情况下，每一种选择都有无限的可能。

每当我纠结要走哪条路的时候，我都会通过时间轴对事情进行划分。

一种是差不多两三年就能完成的事情。

另一种可能需要 10 年至 20 年才能完成。

像这样，如果能预测出实现目标所需的时间，大多数人都会选择做短时间内就能完成的事情。

"就算明天能赚 100 元，但今天赚 50 元更重要。"

因为不知道将来会发生什么，所以尽早落袋为安比较好。

这种心情我非常理解，但如果使用全局能力来思考的话，我认为只有短期行为是非常危险的。

这是因为，如果不断重复这种短期行为，经常喜忧参半，患得患失，很可能最终被折腾得筋疲力尽。

话虽如此，但如果只有长期行为，风险也是很高的。因为等待结果的时间越长，确定性就越低。短期内没有收入的话，生活也无法保障。

那么，该怎么做呢？

我会把短期与长期的平衡比率设置为"7：3"或者"6：4"。如果到了"5：5"的话，我就会感到不安。

时间的跨度越长，需要通过多级思考设定的层级就越多。

比如，我将"拥堵学"确定为自己毕生的研究主题，无论有上千级还是上万级台阶，我都将永不放弃，不断攀登。

此外，有些人致力于全球环境、市场经济以及人类心理幸福的相关研究，相信他们也是将其作为长期的目标来考虑的吧。

如果强行要在短期内解决这些难题，就注定会失败。

反之，如果一家公司必须在一年内还清债务，否则就会倒闭的话，那就有必要在一年的时间里将能做的事情进行精细分解，一个阶段一个阶段地尽快完成。

在经营状况岌岌可危的状态下，考虑10年后的规划是不现实的，因为很可能在那之前，公司就已经不复存在了。

不过，现在的年青一代大多数人只看到短期利益，被其牵着鼻子走。

建议那些总是急于求成、焦虑不安的人，回到"自我驱动能力"的原点，问问自己其实最想做什么，再去制定时间跨度为10年至20年的远期目标。

试着在短期和长期这两个阶段上，用多级思考能力来规划自己的职业道路。

当然，如果你觉得这两个阶段之间的平衡不够好，可以随时调整轨道。

如果能把自己的人生分为几个阶段，并在时间轴上体现出已经区分好的目标，就更容易去实现这些目标了。

不要混淆目的和手段

　　我至今仍在思考："能否消除世界上的各种拥堵，让更多的人感受快捷和顺畅？""能否利用自己擅长的数学和物理，帮助人们解决更多的问题？"

　　因此，我看什么都能联想到拥堵。也得益于此，我在2019 年获得了一项成果。

　　如今，作为化石燃料^①的替代品，燃料乙醇^②备受关注。

　　在燃料乙醇的制造过程中，需要将纤维素这一成分进行分解，但是听说当时使用的纤维素酶无法顺利地分解纤维素。

　　于是，我马上去调查了一番，发现纤维素酶的分子发生了"拥堵"。

---

　　① 化石燃料：是一种烃或烃的衍生物的混合物，包括天然资源煤、石油和天然气等。化石燃料是由古代生物的遗骸经过一系列复杂变化而形成的，是不可再生资源。

　　② 燃料乙醇：一般是指体积浓度达到 99.5% 以上的无水乙醇。它是清洁的高辛烷值燃料，是可再生能源。乙醇不仅是优良的燃料，它还是优良的燃油品改善剂。

如果能够消除这种拥堵，修复纤维素酶，就可以顺畅地生产燃料乙醇。于是，我联合研究人员一起找到了通过改变纤维素酶的大小来消除拥堵的方法，并将成果发表在物理学期刊《物理评论快报》上。

　　这虽然是一篇与自己专业无关的农业学领域的论文，但我却因此享誉全球。

　　正是因为我内心怀有通过消除拥堵来改善世界的自我驱动能力，才能发现每件事物中的拥堵情况。

　　如果再通过飞跃能力来转换想法，很多人都可以在自己擅长的领域做出成绩。

　　虽然这件事听起来很厉害，但我完全没有通过消除拥堵来收获更多的咨询费等赚钱的想法。

　　不仅如此，我还经常免费帮助别人解决拥堵问题。即使没有报酬，只要听到一声"谢谢"，我就会感到无比幸福。

　　对于我来说，消除拥堵，使别人获得快乐就是最终目的，而拥堵学只是实现这一目的的手段而已。

　　工作，归根结底是为了实现人生的目标。

　　这种想法是获得幸福的大前提。

但是，我觉得现在很多人都错把手段当成了目的。

比如，2019年开始，厚生劳动省①提出了"工作方式改革"的构想。

这一构想提出后，企业管理者和劳动者都意识到必须要进行"工作方式改革"了。

比起"自己为了什么而工作"，越来越多的人开始认为"怎样才能改变工作方式"更为重要。有这种感受的人，应该不止我一个吧。

"工作方式改革"是手段，而通过"工作方式改革"感受到幸福才是目的。如果把"工作方式改革"变成了目的，那么实现这一目的的手段很可能只有工作了。

不管工作效率如何提高，如果不能通过工作感受到幸福，就是本末倒置。

你是怎么样的呢？有没有将目的和手段弄错？

如果这个最根本的东西都弄错了，就需要对自我驱动能

---

① 厚生劳动省：是日本负责医疗卫生和社会保障的职能部门，主要负责日本的国民健康、医疗保险、医疗服务提供、药品和食品安全、社会保险和社会保障、劳动就业、弱势群体社会救助等。

力进行追根溯源，重新思考一下。

自己到底想做什么？

为什么会选择现在的工作？

回到原点重新思考的话，也许就会发现其实自己不应该是这样的。

通过全局能力俯瞰自己正在做的工作，并用精细分解能力来整理什么是目的、什么是手段，不失为一种很好的方法。

"因为工资很高。"

"因为公司很稳定。"

"因为公司是成长型企业。"

就算你只是因为上述理由而选择现在的工作，一旦将"目的"和"手段"弄错，也无法实现"想要幸福""想要成功"的人生目的。

很多人都把"想做有益于社会的事"作为目的。但是，实现这一目的的手段因人而异。

有的人像我一样，以消除拥堵作为手段，也有的人致力于减少塑料垃圾，以改善人类的生活环境。

有的人提供各种服务，以消除人们的困难和不便；还有的人，他们的工作可以给人们带来快乐和幸福。

　　只要明确了目的，无论手段如何变化，方向都不会改变。

　　因此，最重要的是人们要确定好立足点。

用倒推的方式思考现在应该做什么

虽然也想用思考体力认真地思考，但是每天工作很忙，很多事都在不知不觉中就忘记了思考……

有的人很难摆脱这种烦恼。

我建议这样的人先暂时停下忙碌，哪怕一个小时也可以，好好思考一下自己到底想要什么样的人生。

如果是 20 多岁的人，那么你希望自己在 30 多岁的时候是什么样子的呢？

如果是 30 多岁的人，那么你希望自己在 40 多岁的时候是什么样子的呢？

想象一下自己所追求的理想，为了实现这个理想，请用倒推的方式去思考自己现在应该做些什么。

如果你不仅想享受工作，还想享受生活，那么就应该思考如何平衡工作、时间、金钱、朋友交往之间的关系，可以试着使用区分能力和精细分解能力来进行细化。

探讨哪种模式可行，并试着写出应该做的事情。

需要抚养孩子的人，如果孩子在成年之前需要教育费，那么就要去调查所需要的教育费，并思考目前的收入、存款、股票投资状况等是否足够支撑。

在孩子成人后，如何积累必要的自用资金，就用多级思考能力去制订一个计划吧。

如果只是想着"总有一天我要享受生活""培养完孩子以后想做自己喜欢的事"，但是却不能在此之前做好一切准备的话，这个"总有一天"可能永远也不会到来。

人生只有一次，不能画饼充饥。一定要制定好"职业规划（实施工作目标的计划）"和"职业设计（包含工作和生活在内的人生设计）"，并以此为目标进行倒推，好好思考现在应该做的事。

这时候，需要运用的力量就是思考体力。

思考怎样度过人生——自我驱动能力。

思考实现人生目标应该做的事情——多级思考能力。

探讨做的事情是否真的合适——怀疑能力。

综观自己的想法在社会上是怎样的——全局能力。

对于不同事情选择不同的做法——区分能力。

试着从完全不同的角度进行思考——飞跃能力。

细致分析自己思考的事情——精细分解能力。

如果能够运用这些思考体力去思考实现人生目标应该做的事情，并着手实施的话，我们就可以告别那种随遇而安的人生和随波逐流的人生。

在新冠肺炎疫情全球大暴发的形势下，我们看见了很多今天存在的工作明天就不一定存在的现实。

很多人会有危机感，不知道自己什么时候就会失业。

新冠肺炎疫情提醒我们，如今时代的社会人必须重新进行学习。

人类，本来就是容易产生"应该没事吧""船到桥头自然直"的侥幸心理的生物。也许只有当新冠肺炎疫情这种外部因素引发的危机真正到来时，有些人才不得不开始思考自己的职业道路。

在当今企业裁员、破产很常见的时代，我们无论从事什么职业，都需要认真思考自己的人生规划。

今天的安定不一定会持续下去，人生也不一定只能存在于过去的延长线上。

一旦意识到这一点，就会明白逆向思考的必要性。

筛选出理想的职业道路的必要事项

你在现在的工作中积累了什么样的经验呢？

为了提高自己的价值，必须思考自己的职业道路，也就是今后应该积累什么样的经验，掌握什么样的技能，并进行实践。

我听说，东大教师的面试和博士的学位审查一定会问："你思考过自己的职业道路吗？"

思考职业道路，就是思考为了自己的将来，现在具体应该做些什么。

现在的时代，无论是将要步入社会的人，还是已经在社会上工作的人，都必须有计划地思考自己的经验和技能将关联到什么样的职业，以及为了将来自己应该掌握什么样的技能，然后再付诸行动。

换言之，过去的那种仅凭"我什么都愿意做""不管做什么我都会努力"的豪言壮语表决心的方式已经行不通了。

而当被问到"你能做什么"的时候，能够立即回答出自己的经验和技能的人，更容易获得提问者的青睐。

在申请我的研究室的学生中，很多人都拥有各种IT技能，比如使用统计分析软件SPSS，构建数据库，等等。

随着远程办公的发展，我们的工作方式也发生了很大的变化。

不再需要用考勤卡来管理上下班的时间，只要你能完成这份工作，无论什么时间、在哪里、工作几个小时都可以。这种"作业型"的工作方式也在不断增加。

事实上，日立制作所和资生堂公司都决定实行将一定数量的员工转为以"作业型"工作的人事制度和人才管理方式。KDDI公司也在新人制度中导入了"作业型"人才管理制度。

这种趋势使企业可能会倾向于以为了完成某个项目集中所需的人才，当项目结束后再解散的方式运行。未来这种工作方式很可能越来越普遍。

在欧美，作业型雇佣方式已经非常普遍，他们不在意员工的年龄和工龄如何，只重视其自身的实力、经验和技能。

因此，我们在欧美求职和进行人事评价的时候，需要总结自己会做的业务内容、难易度，自己的技能、实际业绩等，形成"作业描述书"。

以前，我的研究室也收到过外国人的"作业描述书"，密密麻麻地写满了两页纸。

描述方式很重要，有的人会写出具体的如会使用哪种编程语言等简单易懂的技能，而有的人则将"可以成为人才培训的导师"等不太明确的内容写进去，我觉得很有趣。

将来的日本也会呈现同样的趋势。要做好没有技能就没有工作的心理准备，认真思考自己的职业道路。

这里所说的技能范围很广，比如进一步锻炼英语的口语能力、会说商务英语、把 Excel 技能再提高一两个等级，等等。只要从现在开始，从自己力所能及的事情开始做就可以了。

要充分利用这些技能——哪怕一个、两个——不断地积累实际业绩。这样的话，我们就能够自信地说出："这样的工作，我可以胜任！"

有技能的人和没有技能的人的最大区别，就在于工作结束后如何利用可支配的自由时间。

在自己可支配的时间里，如果只用手机或平板刷视频、打游戏，那么什么都学不到。

用同样的时间，在面授课上跟母语者一起练习英语口语，就会产生明显的差距。

那些在休息日一直玩游戏的人，可以试着学习编程，自己设计游戏。

从小学生到老年人，全世界有很多人都能自己开发App。

要思考社会所需的有价值的东西是什么，并不断践行那些自己力所能及的事情。

像这样，人们积累了技能和经验，价值就会提高。

用数学锻炼逻辑思维

　　培养思考习惯是使用自我驱动能力、多级思考能力、怀疑能力、全局能力、区分能力、飞跃能力、精细分解能力等思考体力进行持续思考。

　　也就是说，要想养成思考习惯，需要锻炼思考体力。在日常生活中，我们可以有意识地锻炼思考体力；要想更有效率，可以使用做数学题的方式进行锻炼。

　　尤其是应用题，对于锻炼思考体力非常有帮助。

　　要想抓住问题的整体情况，需要使用全局能力；要想确认答案是否正确，需要使用怀疑能力。同时，使用精细分解能力还可以对答案进行验证；如果感觉答案有问题，可以重新返回问题继续思考。在预测答案的时候，通过多级思考能力进行思考，可以提高准确性。

　　比如有这样一道问题：一共有 5 个苹果，小狗吃了 2 个苹果，小猫吃了苹果旁边的 1 个橘子。问还剩下几个苹果？

通过使用全局能力，我们就会知道只要回答剩下的苹果个数就可以了，再使用怀疑能力就会发现猫吃的是苹果吗？不，是橘子。

接下来，通过使用精细分解能力，可以重新审视答案：我以为剩下的苹果是 2 个，但因为一共有 5 个苹果，狗吃了 2 个，而猫吃的是橘子，所以答案应该是 3 个。

此外，如果想要锻炼区分能力的话，可以试着去练习组合问题和概率、统计等问题。

比如：从新宿 ① 到涩谷 ② 有几条路线？答案是既可以坐 JR③ 电车去，如果时间允许，也可以步行走过去。

通过列举各种选项，可以锻炼区分能力。

此外，只要被证明的数学定理，即使经过一两千年也丝毫不会动摇。因此，有时候，只要知道定理，就可以跳过思

---

① 新宿：日本地名。位于日本东京都，是东京乃至整个日本最著名的繁华商业区之一。

② 涩谷：日本地名。位于日本东京都，与银座、新宿、池袋、浅草同为都内著名的繁华区。

③ JR：日本铁路公司（Japan Railways），是日本的大型铁路公司集团。

考的阶梯，在瞬间到达终点。

比如勾股定理，如果知道直角三角形的两个直角边的长度，就可以求出斜边的长度。

在日常生活中，如果知道更多的"只要这样就一定会那样"的定理，就能够应对各种各样的问题了。

下雨后第二天，除湿剂就会卖得很好。

气温降到 15 摄氏度以下，火锅类食品的销量就开始增加了。

气温达到 22 摄氏度以上，啤酒的销量就增加了。

气温升到 27 摄氏度，冰激凌的销量就增加了。

这些也可以叫作"天气营销"的定理。

这些定理是通过经验总结掌握的。你是否曾经观察、调查、分析过在人类的行为中，有什么固定的规则？

平时，一边工作一边寻找对工作和生活有用的定理，也许会发现这个世界的有趣之处。

越是复杂多变的时代，我们越要思考什么是确定的。只有关注这些，才能做出成绩。

要想锻炼思考体力，推荐使用初中入学考试级别的数学题。去买一本习题集，一点一点地解题，你就会发觉思维上的变化。

第 3 章

不被信息所迷惑的思考习惯

停止令思考简单化的"小报式思维"

小报是指比普通报纸稍小一点，在车站的小卖店等处出售的报纸。它的特点是使用吸引眼球的大字标题，并将社会的热门话题用一两段简单易懂的文字进行总结。

像这种省略信息发布者的背景，以简短准确的文字直接输入信息的方式，就是"小报式思维"，是一种不考虑复杂信息的思考方式。相对于多级思考来说，这属于完全相反的"单级思考"。

比如，当雷曼事件①的导火索次级抵押贷款②成为热门话题时，普通的报纸都会刊登一些经济学家的采访报道和评论，并用好几个版面来分析次级抵押贷款发生的原因。

---

① 雷曼事件：2008年，美国投资银行雷曼兄弟公司由于投资失利，在谈判收购失败后宣布申请破产保护，引发了全球金融海啸。

② 次级抵押贷款：是指一些贷款机构向信用程度较差和收入不高的借款人提供的贷款。2008年美国次级抵押贷款危机引发了投资者对美国整个金融市场健康状况和经济增长前景的担忧，导致之后几年股市出现剧烈震荡。

小报则相反，只使用"A 金融机构的高管拿到几十亿元的薪酬"这样的大标题进行简短概括。

这种小报省略或简化了复杂晦涩的事件发生背景，只报道了其中一两个事实。

于是，没有知识储备的读者只看到其中一部分表面化的报道，就觉得自己已经弄懂了。

但是，这次给全球带来巨大冲击，世界经济史上罕见的金融危机，不可能那么简单。

无论是用手机看新闻头条，还是看电视中的字幕讲解，都属于单级思考。

不确认内容，只看标题和结论就认为自己掌握了事实，这和把判断交给别人是一样的。

可怕的是，习惯了单级思考的人，会认为这种单纯的思考方式是理所当然的。

如果对于复杂的事情不能进行持续思考，只会把事情想得太过简单，我们不仅无法了解重要的信息，还会产生误解。

比如，你的下属 A 总是犯错。

思维单纯的人，可能会认为 A 的性格比较粗枝大叶，不适合做这份工作，还是把他调走比较好。

但是，这种想法过于草率。

也许是自己下达指示的方法不对，或者是 A 被其他老员工拜托做别的工作而过度劳累。

总是犯错的背后，可能有各种各样的原因存在。

如果只用单级思考来进行判断，很可能会影响到 A 的人生。

事情越重大，越需要谨慎，越需要使用多级思考能力来进行思考和判断。

我推荐给大家的告别单级思考的方法之一，就是练习编程。

在编程中，只要有一个代码出错，程序就会产生故障。故障是计算机程序的缺陷，如果出现了故障，程序将停止运行。因此，必须检查确认是哪里错了，然后将故障去除。

也就是说，编程的时候，可以在每次程序出现故障时检查代码，思考哪里错了和为什么错了。通过反复去除故障的过程，我们可以锻炼多级思考的能力。

将事实和意见分开进行思考

在这里问大家一个问题。

当听到媒体热议"工作会被 AI 抢走""人类输给了
AI"等话题时，你会觉得"真糟糕，自己的工作没事吧"，
还是说你抱着怀疑态度，认为这怎么可能呢？

前者，在听到别人的意见马上就相信了的那一瞬间，你
的思考体力为零。

而后者，因为拥有怀疑能力，你通过了思考体力的第一
阶段。

下一阶段是对"工作会被 AI 抢走"这一信息进行事实上
的确认。

能把事实和意见分开考虑的人，具有怀疑能力和精细分
解能力。为了判断到底哪些是事实，哪些是意见，需要对证
据进行确认。

意见是任何人都可以自由发表的，带有一定的主观性，

因此不能轻易相信。但事实却不以人的意志为转移，是不容置疑的。

对专家的研究数据等进行调查确认以后我们就会明白，想要 AI 拥有和人类一样的思维是不可能的。

AI 只会拥有有限的处理能力，它无法处理所有现实发生的状况，即"框架问题"（Frame）。

比如，职场的酒会上，新人要坐在门口附近，这是很多人都懂得的社交礼仪，AI 却未必知道。

像这种隐性规则有很多，人类在成长过程中会一点点地记住这些规则。但是，如果不将这些规则逐一地录入 AI 中，它就无法做出适当的应对。而要把这些庞大的信息录入 AI 中，需要耗费大量的时间。

如果仅仅是机械作业，不需要像人类一样进行思考，那么这类机器人的发展可能性一定会很高。

但是这个世界上的很多工作，只有人类才能完成。

我在这里写 AI 的事例时，也会下意识地去思考，自己写的内容是否基于证据。

这是因为，一旦有事实和意见这二者混淆的地方，校对者一定会问我"这个事例的证据是什么"。

这时，我就需要提供某本书、某篇论文的研究内容等相应资料，并找出相应的证据。

当你自己一个人完成这些事情时，你的怀疑能力会得到了很大的提升。

你也可以试着想象自己的大脑里一直存在着一个怀疑能力很强的校对者，这样就可以让自己养成不断确认事实的习惯。

检查论文时，也要着重于把事实和意见区分开来进行思考。

"对于上述事实，我的意见如下。"用这样的描述，让读者也能看懂其中的差异，这是一个学者的基本素质。

没有经过训练的人，写出的论文很容易将事实和意见混杂在一起，让人根本看不明白。

要把"事实"和"意见"区分开来进行思考。推荐大家阅读《用事实说话①》一书，其副标题为《克服10种臆断，

---

① *Factfulness :Ten Reasons We're Wrong About the World—And Why Things Are Better Than You Think*，作者为汉斯·罗斯林，中文译本名为《事实》，此处根据日文内容译为《用事实说话》。

养成以数据为基础正确看待世界的习惯》（日经 BP 社），
试着进行一下训练。

因为这本书中有关于教育、贫困、环境、能源、医疗、
人口问题的最新统计数据，能够让我们意识到在不了解事实
的情况下会产生那么多的误会。

政府也在推进基于事实的判断。

2017 年，日本开始推行"EBPM"（Evidence-based
policy making/ 基于证据的政策制定）。

虽然也想吐个槽，问问："迄今为止，政府在没有事实
根据的情况下制定过政策吗？"不过，换个角度来看，这也
可以说是一个划时代的象征，因为仅仅说出"意见"已经不
被接受了。

仅凭发表"意见"就可以做的职业，只限于像电视综合
节目中的评论员那样的职业。

在商务活动中，千万不要仅凭个人的主观意见就轻易判
断事情。

专家说的不一定是对的

不重视事实之人的其中一个特征，就是容易被常识所束缚。

比如，当企业出现经营管理方面的问题时，不少企业管理者会去咨询经营管理顾问。

因为经营管理顾问一般被认为是经营管理方面的专业人士，所以很多人都执着于这样一种"常识"：只要采纳他们的建议，公司业绩就会上升。

但是我曾经从一位公司高管那里听到过这样的话。

当那家公司的工厂出现大量不合格产品的时候，无论自己怎样调查，也很难确定原因，所以最终决定委托经营管理顾问查明原因并提出改善对策。

接下来，经营管理顾问给出了结论："设计流程有问题，应该引进三维 CAD。"

频繁进行设计变更的公司，出现大量不合格产品是很常见的情况。因此，如果事先能用三维CAD进行虚拟制造模拟，就可以防止错误的发生。

的确，从理论上来说，这个提案似乎是正确的。但是，引进三维CAD需要几千万日元。

于是，这家公司的管理者发挥了怀疑能力，没有对顾问的话囫囵吞枣地照单全收，而是为了再次彻底调查原因，对所有的不合格产品都进行了检查。

他们充分利用了区分能力和精细分解思考，对事实进行了精心的确认。

最终他们发现，大部分不合格产品都是由于没有及时纠正过去的错误，依旧在用错误的方式进行生产造成的，与设计变更无关。

也就是说，犯过错的人的失败经验，没有很好地传达给其他人，所以同样的错误就会反复出现。

另外，该部门在出现错误时没有对数据进行整理，导致后来的人反复出现同样的错误。

这是一个极其低级的传达错误，与设计变更无关。

说到底，这位经营管理顾问并没有踏入这家工厂一步，完全是纸上谈兵，只看了看文件资料就提出了引进三维 CAD 的建议。

从那以后，这家公司再也不相信经营管理顾问了。而且，这一教训告诉大家"不能用常识来判断，而要用事实来判断"，这一点在整个公司中得到了很好的应用。这正是丰田公司所重视的"现场、现物、现实"的三现主义。

再给大家介绍一个我听过的小故事。

一家制造商想提高在日本国内物流的效率，于是咨询了经营管理顾问。

顾问提出"首先设立大型物流中心，将商品集中起来，然后再向各地进行精准配送"的改善对策，这是行业中很常见的方式。

就像刚才提到的引进三维 CAD 一样，这个物流中心的设立也需要一大笔费用。

于是，这家公司花费了高昂的费用，建立了一个物流中心。结果，库存堆积如山，损失惨重，濒临破产。

对于这种情况，建立一个物流中心本身没有错，但是顾问的失误就在于没有教会企业后续应该如何进行管理。

由于公司不知道该如何管理物流中心，导致工厂生产出来的产品不断积压。

最终结果是，公司在盘点之后意识到会产生巨额亏损。于是通过飞跃能力进行思考，果断关闭物流中心，得以重整旗鼓。

后来，那家公司的高管非常懊悔地说："如果不去咨询顾问就好了，或者不按照他们说的去做就好了。"

如果他拥有怀疑能力的话，就不会遭受如此大的损失了。

的确，建立物流中心有助于提高物流效率。实际上也有一些企业建立了物流中心，并成功地提高了效率。

如今，公司通过物流中心进行统一的宏观库存管理，再配送到消费者手中，这种方式无疑成为一种经营常识。

但是，要想通过使用这种方法获得成功，需要相应的专业知识和窍门。

公司一定要建立一个网络，能够掌握商品从采购、制造直到到达消费者手中的所有信息。否则，就很难通过物流中心提高效率。

这两个事例告诉我们，无论对方是什么样的专家，都不要对其所说的话照单全收。

企业经营中没有一概而论的通用方法。其他企业的成功案例，不一定适用于自己的公司。

就像没有包治百病的良药一样，无论是对人还是对待工作，要想查明原因，首先就要从彻底调查事实入手。

别人的改善措施并不一定适用于自己，一定要养成将所有事情都转换成"自己的事情"的思考习惯。

对信息中的数字和数据保持怀疑

你的数字能力强吗？

如果你的回答是："不，我没什么自信。"那么，本节内容对你来说非常重要，请一定不要跳过。

前面说过"证据很重要"，但如果轻易地相信不明来源和统计方法的数字及数据，我们就会被错误的信息所误导。

接下来，我讲述一个大约八年前我接触到的事例。

一家公司的 LED 灯泡的广告中有一句"普及率接近 70%"的宣传语。看到这句话，这个 70% 的大概率数字让我产生了一种错觉——以为大部分灯泡都是 LED 的。

当时，我看到周围几乎没有人使用 LED 灯泡。因此，我觉得这个数据一定有问题。

于是，我调查了 70% 这个数字到底是从哪里得出来的。结果发现，LED 灯泡的销售额占市场总销售额的 70%。

说到普及率，一般人很容易认为是以数量为基准的。而经过实际调查，日本使用 LED 灯泡的数量比例仅为 27%。

27% 这个数字，显然无法实现宣传的效果。

因此，为了起到广告的效果，LED 灯泡的生产商就偷换了数字概念，给人一种 LED 灯泡已经替代了大部分传统灯泡的印象。

此外，农林水产省①发表的"食物自给率 40%"也是一个容易引起误解的数据。

看到这个数字，估计很多人都会产生危机感，认为"日本的食物供应有风险""如果不能进口食品就完了"。

事实是，40% 这个数字是以卡路里为基础计算出来的。

比如，以 2017 年的食物自给率 38% 为例进行计算。如果一个人一天所摄取的食物热量为 2,445 千卡的话，其中日本国产食物摄取的卡路里数值为 2,445×38%，也就是约 929 千卡。另一方面，当年全国的食物总消费量为 16.6 万亿日元，日本国内生产的食品产值为 10.9 万亿日元。因此以产值为基础计算出的食物自给率为 10.9 万亿日元 ÷16.6 万亿日元，

---

① 农林水产省：简称农水省，隶属日本中央省厅。主管农业、林业、水产行业行政事务。

约为 66%。

如果按照以产值为基础进行计算，我们就会发现日本的食物自给率并不低。此外，其他大多数国家都是以产值为基础来计算食物自给率的。

当看到上述案例中所说的数字时，确认数据的来源和统计方法，以查明真相的"精细分解能力"非常重要。

再举一个例子。如果你一听到"这个班的平均分是 50 分"，就认为这个班的学生成绩都在及格线上下的话，就很容易被蒙蔽。

因为，在一个由超级天才和完全不学习的学生组成的班级中，如果成绩为 0 分和 100 分的学生数量各占一半的话，班级平均分也能达到 50 分。

因此，平均值在个体相差无几的集体中是有意义的，而对于有 0 分和 100 分这种具有明显差别的异常值的集体是没有意义的。

为了更准确地理解包含极端不同值的群体的趋势，采用"中位数"这一指标更有参考价值。

所谓"中位数"，是指分数从第一名到最后一名的排列中的中间值。

如果你能够确定一个 100 人的群体中的第 50 个人的分数，你就可以掌握这个群体的大致趋势。

在投资方面也是一样，如果有人说"××公司的平均投资回报率为百分之几"的话，像我这样对数字敏感又具有怀疑能力的人，就会认为"没有比平均值更可疑的数字了"。

因为这个平均值很可能只是在高风险产品上幸运地赚到了大钱，而其他大部分产品并没有什么可观的回报。

所以，这种时候一定要询问"统计分布如何""中位数是多少"，等等，以掌握整体的趋势。

培养洞察事物本质的能力

有一次，我和经营学家野中郁次郎先生交流的时候，有一件事让我很感动。

野中老师是一位众所周知的知识管理之父、经营学大师，也是一位非常直率的人。有一次，我试着抛出了一道难题。

"大家都在谈论 AI，那么到底什么是 AI 做不到，只有人类才能做到的呢？"

野中老师答道："很简单啊，就是共情啊，共情。"

虽然只用了共情一词，但却瞬间道出了两者的差异，这就是看待问题的全局能力呀！我由此对野中老师肃然起敬。

野中老师一直对国内外各种企业进行着研究，经常会收集到关于企业经营的很多珍贵的信息。其中，西方企业重视使用文字、图表、数学公式等进行说明和表达，注重形式知识，而日本企业则重视隐性知识的文化。

日本企业的强项是将显性知识和隐性知识巧妙地联动起

来进行经营，野中老师将其理论化，提出了 SECI 模型[1]。

正是基于做出这些成就的广博见识，野中老师才能够立即回答出"共情是人类的优势"这个答案吧。

无论在什么领域，活跃在第一线的人都会收集到很多在网上找不到的第一手信息。

如果去参加企业管理者们的聚会，还能够听到"其实呢……""只在这里说……"之类的内幕，这是一个相互交换重要信息的场所。

我偶尔也会参加这样的聚会，但如果在卫生间遇到其他的参加者就会很麻烦。

等我回过神来，可能已经聊了十几二十分钟了……

可靠的信息了解得越多，就越容易养成辨别什么是谎言、什么是事实的持续思考的习惯。

所以，能够把握本质的全局能力也要变得非常优秀才行。

我也经常对学生说："要去收集网上没有的信息。"

---

[1]　由日本人野中郁次郎提出，在企业创新活动过程中，隐性知识和显性知识二者之间互相作用、互相转化，知识转化有四种基本模式——潜移默化（Socialization）、外部明示（Externalization）、汇总组合（Combination）和内部升华（Internalization），即著名的 SECI 模型。

以前，我决定在大学里教半年课的时候，我曾强调："我的课堂，只讲那些网上搜索不到的知识。"结果，注册人数一下子超过了 100 人。

聪明的学生是很敏锐的，他们对于那些可以自学的课程毫无兴趣。

书本上写的知识，自己一看就能懂。

网上能查到的内容，去网上找一下就明白了。

既然如此，我认为在课堂上，能够传授给他们在任何地方都无法获得的知识信息才有意义。

接触大量的高质量信息，有助于培养人们在这个复杂的社会中洞察本质的能力。

第 4 章

做出最佳判断的思考习惯

训练 AI 也无法模仿的人类直觉

假如把我的书配送给 3000 个住在不同地区的人，那么，以怎样的顺序配送才能最快呢？ AI 会知道吗？

答案是否定的。AI 并不知道正确的配送顺序。

这其实是一个专业的问题，术语叫作"旅行商问题^①"，即使用电脑计算也至少要花费几百年的时间。

然而，对于那些经验丰富的配送员来说，他们根据积累的经验和直觉，就可以大致知道该怎样配送才能损耗最少。

专业的搬家公司也是如此。专业的搬家工看一眼房间里的行李，马上就知道需要用载重 2 吨的车还是载重 4 吨的车。

这也是一个专业问题，术语叫作"装箱问题"，和配送路线一样，有无数种组合方式。所以，AI 即使花费几百万年

---

① 旅行商问题：给定一系列城市和每对城市之间的距离，求解访问每一座城市一次并回到起始城市的最短回路。它是组合优化中的一个 NP 难问题，在运筹学和理论计算机科学中非常重要。

都解算不出来。

但其实根本不需要——思考如何组合，当看到房间内部情况的一瞬间，专业人士就能够通过全局能力把握整体、找到答案，这才是人类所具有的终极才能。

这种感觉很像我们平时说的第六感，换言之就是"直觉"。

要想锻炼这种直觉，我们需要在运用思考体力的同时，不断积累经验，这一点很重要。

就像人们常说的"年轻时即使花钱买罪受也好"，一定要趁年轻多积累些经验，这样才能锻炼出不经逻辑思考也能做出判断的直觉。

在我认识的人当中，就有直觉不凡之人。

他虽然是一个只有几名员工的小企业的社长，但每当企业面临重大的经营决策时，他几乎都是凭直觉给出答案的。

那时候，他的公司所经营的店铺销售额非常高，店长正在纠结是否要借 5000 万日元开第二家店的时候，那位社长坚决反对在这个时候开店，要求维持现状。

结果两年后，商品的销路逐渐变差。那位社长说："幸亏当时没有开新店。"

类似这样的事例，我还听说过很多。

那么，他们真的是百分之百凭直觉来判断的吗？其实并非如此。

那位社长看起来像是仅凭直觉做出的决定，但实际上，他是以非常缜密的逻辑，充分发挥出了区分能力。

当我看到他一直坚持记的笔记时，我才明白这一点。

"太厉害了！居然连这种细节都想到了！"看后我叹为观止。他使用了多级思考能力、区分能力、全局能力、精细分解思考能力，将所有的可能性全都记录在笔记本上。

在本子上，他使用了一种叫作思维导图①的工具，将通过某些事物联想到的一个个关联事物都列了出来。

思维导图是英国教育家托尼·博赞发明的一种思维技巧。

将联想到的词语不断地写出来，并将其因果关系呈现出来。

通过思维导图，我们可以弄清层层联系的因果关系，并

---

① 思维导图，是表达发散性思维的有效图形思维工具，是一种实用性的思维工具。运用图文并重的技巧，把各级主题的关系用相互隶属与相关的层级图表现出来，把主题关键词与图像、颜色等建立记忆连接。

在大脑中将其整理出来。

　　当我看到他的笔记本上对于每个事物的思维导图时，我感叹："只有捋清各种可能性，才能做出直观而准确的判断。"

　　正因为他反复进行这种持续思考的训练，在面临重大决断的时候，才能毫不犹豫地做出正确抉择。

　　任何人都有直觉，但是"高精度的直觉"并不是一朝一夕就能掌握的。人们需要在平时训练多角度地观察事物，在做笔记记录和回顾反思的同时，下意识地培养自己的思考习惯。

不放过任何细微的变化

有些问题的重点绝对不能漏掉，而能够注意到这一点的人，对于细微的变化是很敏感的。

我在一家工厂参与精益改善时，发生过这样一件事。

那是一家以流水线方式生产椅子的工厂，将椅子背板紧紧套上的人、安装椅子腿的人、安装扶手的人等排成一排，分别进行操作。

那天也像往常一样，每个人都在按部就班地工作。这时，一位资深的老工匠问一位新人："你不觉得今天哪里不对劲吗？"

这位新人疑惑道："是吗？我跟平常一样按流程把背板套在椅子上了呀。"老工匠说："不对，你听右边的声音和平时不一样吧？"说着，再次侧耳倾听。

新人为了完成自己手头的工作已经焦头烂额，自顾不暇，完全没有感觉到有什么异样。

但是，老工匠似乎已经确信哪里不对劲，命令所有人"立刻把手上的工作全都停下来"。

随后的调查发现，流水线上第一道工序所使用的机器出现了故障，不合格产品一个接一个地流向下一道工序。

因此，平时"咯吱咯吱"的声音，变成了"吱嘎吱嘎"的异响。

这位老工匠如果只关注自己面前的工作，没有通过全局能力发现声音细微的变化，那么就会生产出大量的不合格产品。

我在德国的时候也有过类似的经历，简直是死里逃生。

一次乘坐朋友的车在高速公路上兜风，我忽然感觉引擎的声音和平时不太一样。

我问朋友："今天这辆车是不是哪里不对劲？"朋友毫不在意地说："没有啊。"

但是，我始终觉得不对劲，于是说服朋友暂时离开高速公路，去附近的修理厂检查一下。

果然，轮胎附近的传动轴上出现了很大的裂纹。

如果汽车一直那样高速行驶，传动轴随时可能断裂，导致轮胎飞出，就会酿成大祸。

这两个事例的共同之处在于,如果我们对"跟平时不一样"的事情很敏感,一旦事情发生很小的变动,我们的怀疑能力和全局能力就会提醒我们去洞察事物变化的原因。

在工作中也一样,许多职业需要我们具备快速发现细微变化的能力。

比如服务业讲求顾客至上,需要从事该行业的人员具备综观整体的全局能力、提供的服务是否能让顾客真正满意的怀疑能力、某种情况下需要采取某种处理方式的模式化的区分能力等。

有一次,我到外地演讲,住在仙台的一家酒店。酒店的经理跟我说:"客人想要喝啤酒或者喝水时,有经验的服务员看一眼就知道。所以会在对方要求'倒点水'之前就给客人倒好。像这种有经验的服务员越多,顾客的满意度就会越高。"

回想一下的确如此,在迄今为止去过的一流酒店和餐厅里,我几乎不需要主动要求服务员给我倒水或倒茶,他们会主动为我做这些事情。

在人际关系中,我也经常会遇到由于没有注意到对方的细微变化而懊悔不已的情况。

实行远程办公以后，我就取消了在线会议中的闲聊，只谈工作。有一天，实验室的一名成员突然毫无征兆地辞职了，令我惊诧万分。因为我们只在网上见面，所以我一直没有注意到他的任何变化。如果在大学的走廊里擦肩而过的时候，可以打个招呼，面对面地交谈一下，或许就能注意到他的某些细微的变化，为此我感到非常懊悔。

从那以后，我开始意识到即使是在线会议，也不能只谈工作，也需要自由交流的时间，不要错过每个成员的细微变化。

另外，有的人能够发现自己身体出现的细微变化，而有的人则完全注意不到。

当感觉"胃有点不对劲"的时候，有的人置之不理，认为"没什么大不了的"。而有的人则非常担心，当发现自己的身体出现异常的时候，就去医院看医生。

后者没有放过小的细节，尽早发现问题，所以也能将疾病消灭在萌芽状态。即使是危及生命的疾病，只要尽早发现和治疗，治愈的机会就会很大。

像这样，无论是工作还是私人生活，如果能够在平时对细微变化非常敏感，很多问题就能尽早发现、尽早解决。

最重要的是锻炼区分能力

在我们犹豫该如何判断的时候，最有效的思考体力是区分能力。

比如，当选择很多，想要整理思绪的时候，最有效的方法就是使用小学学过的集合论[①]。

在集合论的基础上，使用"MECE"分析法更容易理解。"MECE"分析方法是"Mutually（相互）、Exclusive（独立）、Collectively（完全）、Exhaustive（穷尽）"的首字母缩写。简而言之，就是"无遗漏、无重叠"。

这原本是管理咨询领域所使用的概念，主要用于市场营销。

比如，使用可以进行完全分类的项目来划分集合，如年龄、性别、有无工作等，这样就不会出现重叠。

[①] 集合论：是数学的一个基本的分支学科，研究对象是一般集合。包含了集合、元素和成员关系等最基本的数学概念。

如果用九州、关西、奈良、京都、近畿等类别来划分日本地区会怎么样呢？

由于奈良和京都均属于关西，存在重叠项，所以无法正确进行判断。

而在职人员、学生、无业的划分方式也是一样的。因为有的人边工作边读大学，所以也会出现重叠项。

MECE 分析法的四种模式

外侧的方框设为整体

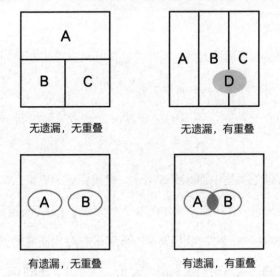

无遗漏，无重叠   无遗漏，有重叠

有遗漏，无重叠   有遗漏，有重叠

（引自：《MBA100 的基本》东洋经济新报社）

在策划新产品的时候，也可以根据 MECE 分析法对产品价格、功能、销售对象等项目进行细化分类，以实现与竞争产品的差异化。

这是区分能力的基本中的基本，不仅限于工作，也可以用于兴趣爱好和学习方面，是一种适用于所有事物的分类方法。

喜欢美食的人，可以通过 MECE 分析法把迄今为止去过的餐厅根据"味道、价位、氛围、待客、清洁度"等进行分类。这样的话就能够明确自己在哪些项目上满意，选出自己最喜欢的餐厅。

如果你是销售人员，也可以试着用 MECE 分析法对自己的客户进行分类，可能会找到有趣的发现。

还有一种完全不同的区分方法，就是前面提到的思维导图。

可以把头脑中那些捉摸不定、模模糊糊的感觉，自由随意地写出来，并不断地增加选项，不断地确认是否有遗漏。

要想解决问题，我们需要有能够进行对比研究的资料，否则就难以做出恰当的判断。为此，使用思维导图可以将所有可能的选项都筛选出来。

比如，想要找出"为什么会存在欺凌"的答案，刚开始可能只想到"同情心缺失"。

接下来，会继续思考"为什么会出现同情心缺失的情况"。

于是，"家庭教育""和朋友一起玩耍的时间不足"等可以联想到的理由就都会串在一起。

要想掌握区分能力，做出正确的选择，平时还需要多加留意。

下面我们来做一个简单的测试。

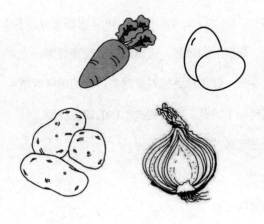

请看上面的插图 3 秒钟。

接下来，请回答：

请思考，如果使用上图中的食材做菜，你会做什么菜？

……

你会做什么呢？

每个人记住的食材可能都不一样。

也就是说，某个人记住了某种食材，说明在看图的时候这种食材引起了他的注意。

而记住的食材数量越多，选择也就越多；反之，记住的食材数量越少，能做的菜品种类也就很有限。

比如，你记得土豆和鸡蛋，可以回答土豆沙拉。如果记得土豆、胡萝卜和洋葱，可以回答咖喱和炖菜。

像这样，你留意到的对象越多，你的选择就越多。

还有一个问题，能够测试出你的留意程度。

请迅速解答下图中的问题。

……

感觉如何？

很多人都会画出像"错误"答案那样的图，将连线画成房子形状的时候就认为已经完成了。

接下来，再看一下"正确"答案的图。在"错误"的图中，有两条线没有连接。

大多数的人都容易忽略一些东西，所以最好平时养成对事物有意识地多加留意的习惯，并进行不遗漏任何选项的训练。

问题　从 a 到 e 有五个点。
请将所有的点与点之间都用线段连接起来。

答案

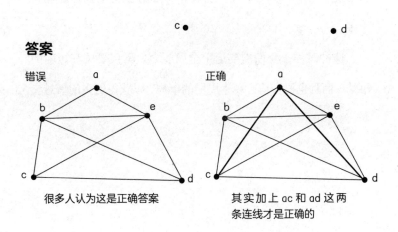

错误
很多人认为这是正确答案

正确
其实加上 ac 和 ad 这两
条连线才是正确的

在日常生活中，也有很多方法可以训练自己有意识地留意事物。

比如，当你看到某人的桌子或者某处的景色时，请试着闭上眼睛。

接着背过身去，试着将自己记得的东西全都写出来。

重复几次之后，你的专注力和观察力都会增强。

区分能力的重点是信息量的多少。

我自己也会在带领学生去工厂参观的时候，一边听着讲解，一边点滴不漏地观察其他地方。

因此，我在提问环节，能够提出诸如"那边的机器有什么功能"等具体问题，提高提问的效率，获得的知识量也会更多。

这种时候，我们需要运用全局能力。不仅要关注眼前的事情，而且也要多留心观察周围的事物，以获得更多的信息。

通过区分能力筛选出所有的选项

当你面对多个选项感到迷茫的时候，要想做出对自己来说最好的和最正确的选择，需要拥有什么样的思考体力呢？

首先，你可以根据不同情况通过区分能力进行思考，以做出更好的选择。

面对某件事情，想要做出对自己最好的选择，首先要列出所有选项。为此，请遵循以下三个步骤：

1. 尽可能多地列出选项；

2. 对每个选项进行预测；

3. 写出各自的利弊。

接下来，分别对这三个步骤进行一下说明。

第一步是尽可能多地列出选项。

比如，广告代理店提出了针对公司产品的三种广告方案。

根据选择的不同，商品的销售额可能会产生很大的不同。

这个时候别忘了使用怀疑能力去思考，想想是否只有这三个选项？

毕竟提出想法的是广告代理店，而他们的想法不一定是最好的。

在列举选项的时候，需要注意的一点是"明确定义，清晰划分"。

也就是说，最好使用区分能力，根据每个广告的设计理念进行区分，之后再考虑有哪些选项。

另外，再比如"关西地区①的销售情况"，因为关西地区这个定义很模糊，每个人的理解会有差异。因此，在做选择的时候容易产生混淆。

如果使用精细分解能力，将关西地区按照县级行政区划，分为大阪、京都、兵库等则更容易理解。

在列出选项的时候，还有一点很重要，就是不放弃。

假如有 10 个选项，可能会出现"全部试过但是都不行"

---

① 关西地区：是指以大阪府、京都府为中心的关原以西的地区，通常指本州以京都、大阪、神户为中心的近畿地方。

的情况。

但是不要因此放弃，最重要的是要继续寻求其他的选择，通过多级思考能力持续思考。

"思考是无限的。"要相信，只要我们对各种事物持续不断地思考，那么可选择的项目也一定空间很大。

第二步是对每个选项进行预测，在做出重大决策之前，一定要慎重而行。

在工作中不得不做出重大决断时，要利用各种信息，尽可能详尽地通过分区能力和精细分解能力进行预测。

"如果选择 A 的话，一年后会有怎样的发展呢？"

"如果选择 B 的话，三年后情况会怎样？"

如果再使用多级思考能力，至少思考到三个层级就更好了。

比如，当你想换个工作时，因为有多个候补公司可以选择而感到迷茫，这时需要预测自己将要在各个公司做的工作内容，将能够想到的职业道路发展状况以及 1 年后、3 年后、5 年后的未来状态想清楚，试着写出来并进行对比。

这样的话，就能够整理各公司的信息，直观地看到哪家公司更符合自己的期望。这时，重点是要试着写出来，不仅要在脑子里思考，还要试着输出到笔记本上。

第三步是写出各自的利弊，这也是整理对比条件所不可或缺的工作。

比如，A公司是一家大企业，目前很稳定（优点），但想要晋升的话，貌似需要花费一段时间（缺点）。

B公司属于风投企业，发展势头良好（优点），但工作量可能会增加（缺点）。

C公司是外资公司，工资高，还能提高英语水平（优点），但只能应聘非正式员工（缺点）。

像这样，通过区分能力，在已知的范围内将能想到的优缺点尽量写出来，就能成为认真对比分析的判断材料。

为了做出最好的选择，学会使用区分能力的三个步骤非常重要。可以通过列出选项、对每个选项做出预测以及对比利弊这三个步骤，从多角度进行分析和思考，做出最佳选择。

在分析选项的过程中，也要遵从自己心中想做的事以及不能妥协的事项的原则，做出最好的选择。

如果怎样做都纠结，就用善恶来判断

上文介绍了要想做出最好的选择，区分能力的三个步骤很重要。

但是，如果我们在选择的时候犹豫不决，该怎么办呢？

这种情况下，要根据以下三个要点来判断哪个是最佳选择：

要点1.要考虑双重标准；

要点2.如果纠结的话，最后就用"善恶"来判断；

要点3.考虑长期成果和短期成果。

让我们分别进行一下具体说明。

首先，要点1是要考虑双重标准。

在使用区分能力来分析选项时，最好以双重标准作为判断基准，也就是要明智地对两个相反的选项区别对待。

以我为例。

"拥堵学"是我毕生的事业，一个判断标准是"与金钱无关，自己喜欢的工作就要努力去做"，另一个判断标准则是"为了生活，即使不想做的工作也要坚持下去"。这就是我在做选择时所须考虑的双重标准。

我也经常对学生说："最好做出一个本垒打①和安打②都能实现的分析。"

虽然设置一个能够实现本垒打的宏大主题分析也不错，但同时也要对偏离中心的安打进行分析。如果拿不出实际成果，就得不到分析研究费用。

同样，当把安打作为主题的时候，也要把部分焦点转向对本垒打的分析。

要点2是如果纠结的话，最后就用善恶来判断。

如果左思右想都确定不了该如何选择的话，该怎么办呢？

---

① 本垒打：棒球术语，指击球员将对方来球击出后（通常击出外野护栏），击球员依次跑过一、二、三垒并安全回到本垒的进攻方法，是棒球比赛中非常精彩的高潮瞬间。
② 安打是棒球及垒球运动中击球手把投手投出来的球，击出到界内，使击球手本身能至少安全上到一垒的情形。

在做判断的时候，我们一般会考虑得失、善恶、好恶等标准。如果只考虑得失，就会被眼前的利益所束缚。

而善恶则不牵扯利益。如果选择了善，从长远来看就是一种正确的选择；只要走在正确的道路上，至少将来不会在精神上感到后悔。

根据好恶进行判断也是可以的，但如果只凭感情去行动，有时也会失败。

恋爱就是一个很好的例子。双方当初盲目地喜欢，婚后却不一定幸福。或者可以说，由于缺乏冷静的判断，婚后感到痛苦不堪的情况会更多。

人们都想做自己喜欢的工作，不想做自己不喜欢的工作。但是，我们有时候可能会因为某种契机而喜欢上自己曾经讨厌的事情，或者那些本来不擅长的事情，不知何时开始变得越来越擅长。

当我的那本《东大老师如何轻松教文科生学数学》（KANKI出版社出版）出版后，我收到很多读者写来的明信片，他们非常后悔当初自以为讨厌数学，所以放弃了数学。

"我上学的时候数学不好，所以就放弃了，现在感觉我的人生就是因此而失败的。"

"数学不好就找不到工作，所以我又通过您的书重新学习了数学。我恨当年那个讨厌数学、不学数学的自己。"

每当我读到这样的明信片时，我都会想："数学是人生的武器，千万不要因为一时的好恶而过早地做出武断的决定啊。"

如果遇到什么契机，能够喜欢上自己曾经讨厌的事，简直太幸运了。但如果固执地认定自己一辈子都会讨厌某件事而轻易放弃，就太可惜了。

最后的要点 3 是考虑长期成果和短期成果。

最近，很多人越来越倾向于通过得失来进行判断。

但是，就算你加入了一个能拿到高薪的公司，也不能保证持续一辈子拿高薪。

如果你还年轻，可以重新开始，然后逐渐意识到"当时的选择是错误的"，这时候就可以重新调整人生的轨道。

无论面对多么甜蜜的诱惑，只有选择对于自己来说最正确的道路，才能过上幸福美满的人生。

当然，如今的日本是一个成果主义型社会，有时仅凭善恶进行判断是很困难的。

虽然通过善恶进行判断，从长期来看是好事，但也有很多人会觉得"虽然这么说，但是很难做到啊"。

现在的日本，不仅在商业层面，其实在各个方面都过于追求短期的成果。

但是，仅仅依靠短期的成果来维持生计的工作方式，风险很高，让人感到不安。

不过话虽如此，如果只考虑长期成果，很可能不会马上转化为收入。所以，从人生战略的角度来考虑，短期成果和长期成果的比例保持 7:3 左右是比较稳妥的。

经济问题、环境问题和人类幸福等宏伟的主题，需要从长期的角度持续考虑。而为了孩子的教育经费，争取得到公司晋升等目标，则可以从短期的角度去考虑。

可以试着制定一个五年和十年的计划，让这两个时间轴保持平衡，在设置好两个重心的同时，做好自己的人生规划。

我很喜欢的诗人相田光男 ① 先生曾说过这样的话：

---

① 相田光男（1924—1991）：原名相田みつを，日本著名诗人，书法家。

人间计较得失，佛家只辨真伪。

人类很容易被利益得失所左右，希望我们能像佛祖一样，只通过真伪来判断事物。

看准拐点，避免最坏情况

任何事物都有一个临界点，一旦超过这个点，就再也无法回头了。

这个点被称为拐点[①]，在物理学领域被称为相变[②]。

在英国出生的专栏作家马尔科姆·格拉德威尔的《引爆点[③]》一书中，将这个点定义为"某个想法、流行趋势或者社会行为，越过门槛后瞬间泛滥，像野火一样蔓延的戏剧性瞬间"。

任何事物都有一个拐点，在到达这个点以前，可以返回

───────────────

① 拐点：在数学上指改变曲线向上或向下方向的点。在生活中借指事物的发展趋势开始改变的地方。

② 相变：物质从一种相转变为另一种相的过程。物理、化学性质完全相同，与其他部分具有明显分界面的均匀部分称为相。与固、液、气三态对应，物质有固相、液相、气相。

③ 中译本《引爆点》是中信出版社出版的图书，作者是马尔科姆·格拉德威尔。《引爆点》阐述了传播学经典理论，揭示了流行现象背后的 3 个黄金法则，与《异类》《陌生人效应》并称格拉德威尔三大代表作。

到某个地方，一旦到达这个拐点，情况就会突然发生变化，无法回头。

而且，这种情况的变化大多不会缓慢进行，而是像打开潘多拉盒子一样，从这个点开始，发生剧烈变化。

比如，一旦法律上认可了"由于日本犯罪率增加，为了防身，任何人都可以带枪"的话，就永远无法回到没有枪的社会了吧。

要想避免出现最坏的状况，就必须对拐点有所了解。

由于忽视拐点而导致严重失败的常见案例就是裁员问题。

在媒体中经常能看到某家大企业"裁员了××人，削减了××日元的人工费"等报道。

虽然人工费因行业而异，但为了提高经营效率，很多公司都会先从金额高的地方采取措施，削减人工费。

同时，还会通过提前退休制度进行裁员，或者增加非正式员工，尽可能减少公司的费用负担。

这样做，会发生什么呢？

裁员一开始就主动请辞的那些人，是不愁找到工作的人。

也就是说，一直以来支持公司发展的优秀人才资源在裁员时会大大流失。

某大型汽车制造商为了"削减人工费",曾在研发部门雇佣非正式员工。

研发部门是一个公司的心脏,也是最重要的部门。而这家企业却把它交给了非正式员工。

不过话虽如此,这家公司对于非正式员工的招聘也是很严格的,这些人才提出了很好的想法,使销售额得到了提升。而正式员工都是些管理岗位。

没过多久,由于经济不景气,需要进一步削减人工费,这家企业竟然让这些能够重振企业经济的非正式员工辞职。

大家一定会觉得"这家企业是不是傻"。不过,这的确是真实发生的事例。

结果,这家企业最后剩下的都是管理人员。

企业再也无法产生新的创意,也不会再有技术研发的积累,销售额自然也是一落千丈。

好在接受了这次的教训,从此以后,这家企业非常注重对正式员工的培养。

人才是用金钱买不到的。

然而，一旦公司需要削减成本的时候，最先想到的总是裁员。

这说明，大家并没有重视人才的流失。

而能够通过全局能力来预测未来的企业管理者，不会做出这种危险的抉择。

要想避免最严重的事态发生，就不能只注重解决眼前的问题，一定要找到拐点，看清未来。这一点非常重要。

纵观全局，高瞻远瞩

在必须思考解决问题的对策时，仅仅根据当时的情况来判断是非常危险的。

首先要最大程度地运用全局能力，纵观事物的整体。

这种全局能力分为两种。一种是在空间上把握整体，也就是周边视野。另一种是在时间轴上把握整体，也就是前瞻性。

没有周边视野的人，会因为只顾看手机而坐过站，或者因为过于专注于手头的工作而忘记了更重要的工作。

这类人对周围的注意力不足，有过于接近某种对象的倾向。

打个比方，就好像一个人在大楼里通过望远镜专注地看一只鸟。

这种类型的人，只有放下望远镜，放眼眺望整个风景，才能看到各种各样的事物。

而没有前瞻性的人，该做的事总是做不完，事前准备也总是费时费力，做事的时候手忙脚乱。

他们总是随心所欲地做事，所以时间总是不够用，经常漏洞百出，失误不断。

这种类型的人，一定要根据时间轴来把握整体，提前思考下一个计划并采取行动。

要想解决问题，我们既需要通过周边视野对事物进行俯瞰，也需要以时间轴为基础纵观整体，再思考现在应该做什么。

在这个社会，拥有周边视野是非常有用的。

就以身边的例子来说，拥有周边视野的人，可以避免上下班时的拥挤。

例如，每天上下班都要坐地铁或电车，当通过车站的检票口时，很多人都会走向距离自己最近的检票口。

即使那个检票口的人很多，需要排队，他们也只关注那一个检票口。

而我在乘车时，发现自己想进入的检票口有超过有三个人在排队时，我就会环顾四周，然后走向附近其他空着的检票口。

这样的话，也会把我后面的人引领到空着的检票口，分散了入场人群，使整个环节变得顺畅。

拥有全局能力，打造宜居社会

只考虑自己，都想走最近的检票口，就会发生拥堵！

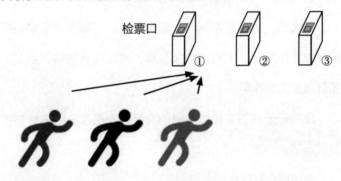

只要稍微考虑一下周围的人，三个人就能心情舒畅地通过检票口。整个环节也很顺畅！

在日常生活中使用"全局能力"，各个环节都会顺利通畅

像这样，如果能够纵观全局，而不是只考虑自己的话，我们往往会发现最好的选择。

而且，具备前瞻性的人，大多是做事有条不紊的人。

我的母亲就是这种类型的人。

小时候，不知为何，我家只在周二的晚餐吃鱼。

长大成人后问到原因时，母亲回答："因为周三才是扔厨余垃圾的日子，而鱼的垃圾很臭，周二吃鱼的话，第二天就可以马上扔掉啊。"

原来母亲在思考晚饭菜单的时候，连扔垃圾的事情都提前想到了。

你周围也有这样的人吗？

这种多任务型的人做事井然有序，习惯于提前预想接下来应该做什么，能够让多项工作同时顺利进行。

反之，不具备前瞻性的人往往容易采取以下行动：

1. 到检票口前才手忙脚乱地拿出月票或 IC 卡；

2. 在超市的收银台前排队等待，轮到自己付钱时才去包里翻找钱包和卡；

3.每天早上都为穿什么衣服而烦恼。

无论哪种情况，他们都属于事到临头才临时抱佛脚的人。这类人对于接下来应该做什么，明天需要准备什么等那些将要做的事情，完全不做任何思考。

像这样的事前准备，在丰田生产方式的精益改善活动中也很受重视。

丰田生产方式分为生产后的"产线内准备"和生产前的"产线外准备"。

丰田公司将这两种准备工作进行明确的区分，并尽量将产线内准备改为产线外准备，以减少时间上的损失，通过这样的对策来提高效率。

中国象棋和围棋，是将多级思考能力、怀疑能力、全局能力、区分能力等全部发挥出来的策略型棋类游戏。

专业棋手会反复推演"如果对手这样做，那我该怎样做"，据说最多可以推演到 100 手。如果是这样的话，那些只能推演几手的外行是不可能赢的。

这些善于前瞻的人，已经养成了相应的思考习惯。

不会发生"三十年河东，三十年河西"的情况

"风水轮流转，不会一直赢，也不会一直输。"

这句话，无论在工作还是生活中，我们经常能听到。

但是，当你要做出重大决定时，千万不要相信这句毫无根据的迷信之言。

在数学中，有一个概率论定理叫作逆正弦定理，认为不断赢的人会一直赢，而不断输的人会一直输。

比如，在猜硬币正反面的游戏中，出现反面和正面的概率都是二分之一，但那只是一直无限做下去的概率，而在有限的时间里，一般都会出现偏差。

然而，很多人不知道为什么，理所当然地认为"坏事已经持续了很久，下一次一定会有好事发生"。

同样，如果好事一直持续下去，他们就会认为"这么多好事一直发生，接下来该发生什么坏事了"，心里感到很不安。

你是否也会在无意识中思考好与坏之间的平衡呢？

至少在数学世界里，没有这样的证明。所以，期待"三十年河东，三十年河西"，只是一种心理安慰而已。

千万不要简单地认为，"这次的业务出现了很多亏损，所以下次的新事业一定会很顺利"。

怀疑能力强的人不会轻易相信这种毫无根据的"三十年河东，三十年河西"的说法。

在判断事物的时候，一定要将其重置为零，再去思考。

到底会出现正数还是负数，一定要进行客观的分析和判断。特别是不能量化的东西，很容易产生偏差，更需要多加注意。比如，沟通交流能力、活跃现场气氛的能力等，都是无法量化却又不可或缺的能力。

我听说过一个事例，某公司把销售业绩不好的一位男员工裁员后，公司的氛围变差了，全员的销售业绩出现了整体滑坡。虽然这位员工可量化的销售业绩较差，但他善于与其他员工进行沟通交流，调解人际关系中的纠纷，活跃公司气氛，这些也是不可量化的能力。

如果企业只将量化的东西作为标准进行判断，就会导致不好的结果。

另外，即便是同一个组织内部，积极思维的人居多的部门和负面意见的人居多的部门，在判断上也会有偏差。

在你的上司、前辈、朋友之中，是否也存在总是很积极的人和总是很消极的人呢？

如果存在的话，你在做决定之前，最好能公平地听取正面和负面这两方面的意见，之后再做出判断。

一位银行从业者曾这样说过："越是好的公司越令人怀疑，越是口中说'连续10年收入增长，利润增加'的风险投资公司越是危险。"

状况越好的时候，越不需要质疑现状，就越容易得意忘形。

而真正优秀的人，行驶在正轨上的时候也会非常谦虚，并对事物做出慎重的判断。

从那些事业进展顺利的人身上收集到的信息，并不一定都是值得信赖的，你需要同时发挥怀疑能力。

而且，大多数人对某种程度上已经习惯了的事情会变得没有紧张感，这时就容易犯错误。

如果你养成了将事物重置为零的习惯，能够充分发挥怀疑能力，就会把别人远远地甩在后面。

思考的层级决定人生的高度

在研究人员和企业管理者的世界里，使用多级思考能力进行持续思考是理所应当的。

当我进入硕士生研究院的时候，我曾纠结要选择哪个专业，因为数学专业分为纯粹数学和应用数学两大类。

那个时候，我与纯粹数学专业里极其出色的前辈们进行过一次辩论。

我本来对数学也是相当有自信的，然而听着前辈们的话，没多久就已经接不上话了。

"这些人太厉害了……"我读了几篇前辈们的论文，惊叹不已。他们简直都是思考层级能达到1000层级的人啊……

而纯粹数学家们，即使在思考的阶梯上攀登到1000级台阶，也不能松一口气。想要彻底研究纯粹数学的话，自我驱动能力至少要比别人强一倍吧。

看着这样的前辈们，我深感自己达不到1000层级。因此，我决定选择应用数学，并决心将这条道路走到极致。

应用数学，是利用数学方法解决实际问题的一门学科。

也就是说，这是为了在社会中发挥实际作用的数学。因此，我需要拥有 100 至 200 层级的思考速度，以寻求解决方案的折中点。

那么，商务人士需要思考多少层级呢？

我遇到的企业管理者们在做出结论时，大概都需要思考十个层级左右。

你会觉得很少还是很多呢？

我分析了一下为什么要思考十级，我的感受是，这些企业管理者们在使用多级思考能力的时候，把攀登阶梯的方式提升为模块化的形式了。

企业管理者在攀登思考阶梯的过程中，可以根据经验一次性跨过三四级台阶，使之成为一大块台阶。

即使不是一级一级地攀登，但你只要通过全局能力来俯瞰整体，就会判断出"这个模式以前遇到过，只要这样做就可以""这个模式今后大概会发展成这样"，因此可以直接跨过好几级台阶。

我也是这样，即使需要在应用数学上攀登 300 级台阶，但在攀登的过程中，可能有 50 级左右是可以根据经验直接跨过去的。因此，我能够在短时间内攀登上去。

　　也就是说，只要拥有足够的经验，一般人需要十级台阶的问题，我只用一两级就可以解决了。

　　当然，经验越多，遭遇的失败也就越多，所以我们会从思考的阶梯上一次又一次地跌落，弄得伤痕累累。

　　但也正因为如此，为了不再重蹈覆辙，我们会一直磨炼自己的直觉。

　　这和飞跃能力很相似，在进行模式化的地方还需要使用区分能力。

　　就这样，通过经验的积累，我们能够锻炼各种思考体力，这是人类最出色的能力。

第 5 章

为了解决问题而养成的思考习惯

思考陷入僵局时使用跳跃性思维

"无论怎样绞尽脑汁，都想不出企划案的突破口。"

"永远找不到解决问题的线索。"

像这样陷入思考困境的情况，是人生的家常便饭。

无论怎么冥思苦想都找不到答案，一味地抱怨呻吟是解决不了问题的。

遇到这种情况，要大胆地转换思维，使用飞跃能力，跨过思考的阶梯，飞跃思维的壁垒，这一点也很重要。

我们所知的有伟大发现的科学家们，在达到终点的过程中，也一定存在着思维的跨越。

既要追求逻辑的极致，也要在某一时刻忘记逻辑，实现飞跃。

实现飞跃性思考的原动力是类推（类比推理）和灵感。

"类推"类似于联想，是将以往的经验和知识联系起来，推想另一件事情的能力。

通过类推实现思考的飞跃，你可能会发现之前根本想象不到的全新选项。

当我的研究陷入僵局时，会去见一些和我的领域完全无关的人，或者读一些与研究毫无关联的书。

在思考如何将收获的这些信息与自己的研究联系起来时，我经常会有一些有趣的发现。

我也正是因为看到了蚂蚁的行进，才通过类推得到了解决拥堵问题的启示。

还有一些企业管理者会通过飞跃能力和怀疑能力去寻求新的想法，并能在转眼之间就将事业引向成功。

TABIO① 是一家老牌的袜子制造商，虽然一度陷入经营危机，但后期却戏剧性地实现了快速增长。

契机之一就是它颠覆了 "袜子的价格定位基本是 100 日元一双" 这一常识，开创了全新的思维。

通过怀疑能力，它打破了社会上 "袜子就是便宜货" 的常识，做出了 "即使价格稍贵一点，但只要质量好，就应该

---

① TABIO（靴下屋）：是日本著名潮袜专卖店品牌，成立于 1968 年，经营理念是热爱工作、以顾客为中心、以和为贵、引导潮流。

有销路"的判断。

接下来，它开始以一双 600 至 1000 日元的价位销售高端潮袜，提高了专卖店的品牌力。

TABIO 在日本全国各地开设"靴下屋"，成为高级潮袜专卖店的代名词，最终成功实现了上市。

当陷入绝境的时候，需要想出一个天才的解决办法。从这个意义上来说，我们可以从很多历史人物的身上学到这一点。

中国春秋时代的思想家孙武所著的《孙子兵法》的始计篇中有一句话，叫作"兵者，诡道也"。

意思是，战争本来就需要欺骗敌人。

具体的策略有：明明能征善战，却向敌人装作软弱无能；本来准备用兵，却伪装不准备打仗；要攻打近处的目标，却给敌人造成攻击远处的假象；要攻打远处的目标，却伪装成要在近处攻击。这些都是战争中的要点。

而描绘如何使用这种兵法进行实际战斗的小说就是《三国演义》。

《三国演义》这部历史小说描写了终极的尔虞我诈之战

以及对手之间的心理战，非常值得一读。

第一次阅读这部作品的时候，我还是个大学生，当时我就在想："将来步入社会以后，一定要具有怀疑能力，不要被人欺骗……"

以"天下三分之计"等战略方法而闻名的诸葛孔明告诉我们，乍一看认为是弱项的事情，其实换个角度看，也可能成为强项。

当你遇到无法解决的难题时，可以去读读《三国演义》，或许能给你一些启发。

把别人的想法套用在自己身上，有时可能会看到前进的方向。

而且，那些和自己境遇相似的人是如何度过危机的事例，也可以作为参考。

这时，我们应该知道自己和别人不一样。

即使是取得成功的伟人和企业管理者，如果只是模仿别人做事，也会导致失败。

备受世界瞩目的丰田生产方式中的改善活动，也是因为在丰田公司里实施才能获得成功。如果换成条件不同的其他企业完全去复制和效仿，75% 的企业都会失败。

因此，即使遇到好的想法，我们也要仔细分析，如果换成自己应该怎么办，之后再付诸行动。

通过大脑的压力状态和松弛状态产生灵感

实现飞跃性思考的另一个原动力是灵感产生的瞬间，这里有一个规律。

当我们拼命去寻找新的想法和答案的时候，大脑里就会有一种压力增加的感觉，使自己执着地坚持下去，并保持持续思考。

如果一直这样的话，大脑会非常疲劳。而大脑一旦感到疲劳，就没有精力继续思考。

这种时候，我们可以去泡个澡、冲个凉、散散步、跑一跑，试着让大脑休息一下……

于是，在大脑的紧张感松懈下来的瞬间，很可能就会产生"啊！我知道了"的灵感。

也就是说，灵感并不是自然而然出现的，只有在大脑充分运转、努力保持持续思考的状态下才会产生。

"这样也不行，那样也不对"，等到把自己逼到"不行了，真的不知道"的紧要关头之后，再突然放松气力，就会使思考实现新的飞跃。

我有过很多类似的经验。当大脑的压力达到极限时，将其放松的瞬间，就产生了很多灵感。

有一些一直解决不了的问题始终萦绕在我的脑海里，感觉自己怎么思考都解决不了，非常焦虑。那时，不管看到什么都能联想到这些问题上。

这时，如果我看到了与这些问题完全无关的事物，灵感也许会突然迸发："啊！也许就是这么回事！"

一位获得诺贝尔奖的科学家曾有过这样一段趣事：当思考到极限时，他筋疲力尽地睡着了，结果却在梦中发现了答案。

据说德国有机化学家凯库勒就是在梦中发现了苯这种物质的结构。不仅是研究者，任何职业都是如此，要想产生全新的想法，在此之前必须持续地思考。

从不思考、只知浑噩度日的人，不可能一下子产生令人惊讶的想法。

中国北宋时代学者欧阳修曾说过："余平生所做文章，

多在三上，乃马上、枕上、厕上也。"

这被称为灵感闪现的"三上"，就是指骑马的时候、躺着的时候、如厕的时候。当思考陷入困境时，像这样放松下来什么都不想，反而更容易产生灵感。

虽然现在的日本人已经不再骑马了，但是乘坐汽车、飞机、电车等出去走走，也是不错的选择。

这种时候，不要想着工作资料，要去感受完全不同的事物或者与别人交流，让思考实现飞跃。

我以前曾因为对某件事感到烦恼，觉得自己再待在东京情况也不会好转，于是就回到茨城的老家待了三天。

这时候，我注意到老家厕所里的日历上写有每日一言：

"车到山前必有路。"

当这句话映入眼帘的瞬间，我幡然醒悟："自己到底在烦恼些什么？"

当你无法产生创意的时候，不妨试着让自己置身于一个完全不同的环境中。

走投无路时考验思考能力

当灾害或疫情等无法预料的事态发生时，以餐饮业为首的服务业和旅游业等行业都会陷入经营的困境。

但在这样的困境中，也有一些企业凭借自己的想法和创意克服了困难。

某卡拉 OK 连锁店将卡拉 OK 房间改为可以作为远程工作空间使用的办公室房间，竟然扩大了服务范围。

朝日新闻社与外卖店进行业务合作，在送报结束后的时间段开展送货上门的配送业务，令人拍案叫绝："原来还能这样呀！"

这些都是因为经营陷入困境才诞生的想法。

当经营陷入困境时，有的企业能够独辟蹊径，而有的企业则束手无策，两极分化很明显。

由于网购的不断发展，逐渐出现了人员和运输车辆不足的情况，导致物流方面的压力很大。

这时候，我们只要通过全局能力进行分析，很多问题就都浮现出来了。

比如，全国性超市 A 因物流不及时而缺货，而附近的超市 B 则有很多在超市 A 缺货的商品。

而且，因为快递公司之间没有合作关系，所以会产生大和宅急便、日通、佐川急便等快递公司轮流投递到同一个人家中的情况。

为了解决这个问题，需要想办法建立一个共享的平台，使零售商、批发商和制造商之间能够协同合作，优先补充不足的商品。

从这个意义上说，有的公司很早就开始着手解决物流问题。

味之素、可果美、日清、好侍食品等五家大型食品生产商，在新冠肺炎疫情发生之前的 2019 年，以实现高效稳定的物流体制为目标，搭建了一个名为"F-LINE"的合作物流平台。

这个平台能够解决很多问题，包括货车司机短缺、长期缺乏物流人员、燃料价格上涨以及低碳环保等问题。

作为试金石，这些努力将取得怎样的成果备受关注。我与 F-LINE 的总裁深山隆先生见面时，他说："商品虽然存在竞争，但物流可以共同分担。"我非常高兴地回答："时代终于开始变化了。"

即使没有陷入绝境，也有很多企业以"解决他人的烦恼和困难"为目标，在商业上取得了巨大成功。

将民宿推广到世界各地的爱彼迎（Airbnb）①和跳蚤市场 App 中的煤炉（Mercari）都是其中之一。

谁也不知道创意的种子会滚动到了哪里，只有很少一部分人能够意识到它的存在。

如果你想抓住商机，就要通过多级思考能力、怀疑能力、全局能力、飞跃能力等对世界进行观察和分析，并持续地思考。

---

① 爱彼迎（Airbnb）：是一家联系旅游人士和家有空房出租的房主的服务型网站，它可以为用户提供多样的住宿信息。

试着玩连词成句游戏

　　玩连词成句游戏，是锻炼多级思考能力和飞跃能力的有效方法。

　　这是一种类推和联想的游戏，玩法非常简单。

　　将纸裁剪成手掌大小，分别写上狗、咖喱饭、夹子、浴缸、杯子、雨等一些完全没有关联性的词语。大概准备 10 张左右就可以了。

　　把写有词语的纸片都装在一个盒子里或纸袋中，不可以看。然后就像抽签一样，从盒子或纸袋中随机抽取出两三张，接着把这几个词联系在一起，想办法形成一句话。

　　比如我抽到的是狗和咖喱饭的话，就可以形成如下的句子：

　　"我在遛狗的时候，闻到了咖喱的香味，所以决定今天的晚餐就吃咖喱饭。"

　　再比如，我抽到的是雨、狗以及浴缸，可以形成如下的句子：

"我正在用浴缸给狗洗澡的时候，外面下雨了。"

像这样，即使是毫无关联的词语，只要我们能思考出故事情节，就可以将其关联在一起，找到解决的办法。

当你空闲的时候，或者感觉自己的思维僵化的时候，就多玩玩这个连词成句游戏吧。

熟练以后就可以提高难度，试着通过故事情节将两个词连接起来，形成一篇文章。

比如，你抽到的是狗和咖喱饭，那么就可以写出这样的一段文章：

"我正在家里工作，抬眼望向窗外，发现已经是傍晚了，于是开始思考晚饭要吃些什么。我想吃咖喱饭，但是打开冰箱发现没有洋葱，所以我决定到附近的超市去买。这时，睡在我脚边的狗狗醒了，于是准备带上它一起散步。我拿着钱包、购物袋和遛狗要带的东西，和狗狗一起出门了。"

像这样，以抽到的词语为基础持续地思考，居然能够编写出一个故事。

即使没有纸和盒子，我们也可以在大脑中进行类推和联想的练习。

在路上行走的时候，一定要经常环顾四周，观察周围的环境。

可以观察步行者们的年龄构成，思考为什么会形成这样的年龄比例，或者观察一下街上面向什么客群的店铺比较多，以此推测出附近的居民层次如何。

当然，不仅仅是在外面走路的时候，坐在咖啡厅的时候、与人聊天的时候，我们都可以把观察意到的事情记录下来，之后当翻看记录的时候，也许会得到一些提示。"啊？我留意过这件事呀？""这个记录很有趣啊！"

有的人喜欢在智能手机的 Slack①（聊天群组）App 上记笔记，而我比较喜欢使用胸前口袋里的小记事本。因为马上就可以掏出来记录，很方便，我已经用完了二十多本这样的记事本。在我的记事本上，写有国誉株式会社② 创始人黑田善

---

① Slack：聊天群组＋大规模工具集成＋文件整合＋统一搜索。Slack 整合了电子邮件、短信、Google 、Drives、Twitter、Trello、Asana、GitHub 等多种工具和服务，可以把各种碎片化的企业沟通和协作集中到一起。

② 国誉株式会社（KOKUYO）：日本最大的综合性办公用品供应商，创立于 1905 年，至今已有百余年历史。

太郎^①先生的那句名言："不能消费信誉。"

另外还写着Remioromen^②的 *Wonderful&Beautiful* 这首歌的一句歌词："预报不准，但预感很准。"我觉得这句话对于科学家来说也很重要，所以就记下来了。

我也会在每周一次的研讨会上，把这样的句子讲给学生们听。我想，在这些笔记中，也许某个想法就能够通往诺贝尔奖，因此十分重视和珍惜它们。

在前面提到的"灵感的三上"中，有一个叫作"马上（骑马的时候）"。我也经常在电车上做笔记。

如果电车上很拥挤，需要抓着吊环的时候，我就会闭上眼睛，自由地思考。

一旦有了什么想法，下了电车马上就记录在笔记本上。

为了随时能进行类推和联想的练习，平时可以准备好两三个自己关注的主题，效果会更好。

---

① 黑田善太郎：日本国誉株式会社创始人。他26岁（1905年）的时候，在大阪市开办了一家专门经营日本和氏账簿封皮的店铺。后来一步步站稳脚跟，逐步扩大经营规模。
② Remioromen：日本乐队，由主唱及主音吉他手藤卷亮太、贝斯手前田启介、鼓手神宫司治组成，所属SPEEDSTAR唱片公司。

博览群书，消除思维偏差

每一本书里，都充满了作者的创意。

那么，书籍云集的大型书店，就更是创意的宝库。

这是那些思维千差万别、想法各异的作家打造的思维宝藏。如果你想找到一个新的创意，建议花一整天的时间把所有的书架都浏览一遍。

我每个月都会去一次东京站附近的八重洲图书中心。这里一共八层楼，所以我每次都从八楼开始，仔细地看遍每个楼层。

从食谱到连环画，很多乍一看似乎与自己研究领域完全无关的书架，都能使我有一种发现"新大陆"的感觉。

即使是与工作完全无关的书，如果感觉这本书"似乎很有趣""还有这样的切入点吗"，那么就一定要拿到手里，翻阅一遍。如果这里面有想要仔细阅读的书，我会毫不犹豫地买下来。

阅读也有诀窍，我在看书的时候一定会用一支带自动铅笔功能的四色圆珠笔，边读边写。

就像是要与这本书展开讨论一样，我会在比较在意的内容下面画线，在和自己的想法不一样的地方，把不同的感受写在上面。

反之，如果认为"这是一个很棒的着眼点"，我会画一条醒目的线，并抄写在"创意笔记"的本子上。

顺便说一句，从改变未来的意义上来说，让我醍醐灌顶的一本书是杰里米·里夫金①的《零边际成本社会：一个物联网、合作共赢的新经济时代》②（NHK 出版），我做了大量的读书笔记。

2015 年，日译本发行后迅速成为人们议论的话题，作

---

① 杰里米·里夫金：当代美国最著名的思想家之一，华盛顿特区经济趋势基金会主席，其 20 部著作被翻译成 35 种语言在全球广泛发行。他曾为欧盟和世界多国提供政策咨询和建议，并在美国宾夕法尼亚大学沃顿商学院担任讲师。
② 《零边际成本社会》：杰里米·里夫金的经济金融类书籍。读书系统地做出了关于未来世界的三大预测：协同共享经济将颠覆许多世界大公司的运行模式；现有的能源体系和结构将被能源互联网所替代；机器革命来临，我们现在的很多工作岗位将消失。

者当时写到共享经济将成为理所当然的社会经济模式，如今看来的确如此。

里夫金的全局能力非常优秀，而且多级思考能力、怀疑能力、区分能力以及活跃能力方面也都非常出色，拥有强大的思考体力。

只要我们去认真阅读，就能接触到这些富有创意想法的人的思维。

阅读的时候，不能读完即可，要思考"如果是自己，会怎么想"。

在阅读以后，要留出让自己输出的时间，比如"关于这样的题目，我是这样想的""如果把这本书里的想法应用到自己的问题上，就会变成这样"等，这一点很重要。

对于从书中吸取的各种信息，自己是如何理解的，请仔细思考并试着用自己的语言表达出来。

这样一来，我们不仅能够完全接纳别人的意见和想法，还能锻炼自己的思考体力，想法也会更加成熟。

细细地阅读一本书，很多时候能够意外地获得灵感，并从中发现新的主题和创意。

我曾经在一个几乎无人驻足的书架深处，发现了一本至少十年没有人动过的专业书。

从这本书中，我也获得了关于自己的研究领域的灵感。

如果只收集自己感兴趣和关心的信息，我们的视野就会变得越来越窄。

要想消除这种思维偏差，最好的方法就是走遍大型书店的每一个角落。

我不太喜欢到网上去搜索创意。

互联网络当然很方便，可以快速地查找信息，但这些信息从脑子里消失的速度也很快。

与此相比，在书店里转一圈，站在那里读，或者买下来回去读以及把重要的内容记录下来的过程，等等，都能够形成关联记忆，让你不会轻易忘记。

即使在大学里，我也不会使用电子PPT给学生们上课，因为这样效果并不好。

我都是在黑板或白板上写板书，让学生们做笔记，也会尽量避免分发打印的资料。

我觉得这样做，讲课内容在学生们的记忆中的留存率会高出很多。

正因为如此，我自己在收集信息的时候，会特地走出家门到书店去，阅读实体的书籍，我始终坚持这样的工作习惯。

如果使用网络，立刻会有各种信息映入眼帘。但是如果以这种信息为基础，临时抱佛脚所想出的创意主题，会让人产生东拼西凑的感觉，内容很肤浅。

而使用思考体力进行持续思考后所产生的创意和想法，面向任何人都可以自信地进行说明，会更具有实践性和吸引力。因此，我要不惜花费时间和精力，迈开双腿，走出去进行阅读和思考。

那些只要一有空就玩手机、看电脑的人以及没有养成思考习惯的人，可以先从一周一天做起，逐渐试着远离手机和电脑。

接下来，打开手边的笔记本，拿起笔，把想到的事情不断地记录下来。

刚开始你可能会感觉有点烦闷，随着积累的知识量不断增加，就会形成习惯，这样自己的创意和想法就会慢慢涌出。

熟练使用两种思考模式

要想解决问题或实现目标，有两种思考模式。这两种思考模式分别对应两种情况。

第一种是目标很明确的情况。

比如设定好"在这次比赛中获胜""销售额达到 1000 万日元"等具体目标的情况。

第二种是目标不明确、具有流动性和变化性的情况。

比如，新冠肺炎病毒感染者增加的情况。

这种时候，紧急事态宣言何时发布？对停工和失业人员的帮扶怎么做？自我约束到何种程度？等等。关于这些问题，在这种混乱的状态下，国家会采取各种各样的措施。

如果你像前者那样目标清晰的话，则要以大目标为导向，制定细致而明确的小目标，根据这些小目标倒推现在该做的事，并不断进行调整。

假如十天后你将有一场足球比赛，那么可以把"让十天后的状态达到最佳"作为一个大目标。

从这个大目标开始，倒推到一天前、三天前和七天前都应该做些什么。通过对小目标的思考，你就能够推导出今天应该做的事情。

这正是使用多级思考能力的思考方式。

另一方面，对于目标不明确的情况，在目标不确定或发生流动性变化的时候，只能建立几个假说，需要边做出预测，边运用逻辑推理导出结论。

如今的时代，瞬息万变，很难确定一个明确的目标，所以很多情况下我们必须使用这种方法来考虑问题。

在这种情况下，需要建立类似"A 计划""B 计划"这样的假设，并随机应变。

人生也是如此。

比如，你现在正在做的工作，五年后还会继续做吗？

也许你会被调到国外，也许你会跳槽。如果父母是做企业的，也许你将来会继承父母的公司。

如今的时代，即使再大的企业破产也毫不稀奇，将来的事情谁也不知道。

但是，如果因为未来的不确定性，你就浑浑噩噩地度过每一天，那么一旦发生什么意想不到的事情，就只能束手无策。

如果一切都顺其自然，就不可能拥有充实的人生。

为了避免这种事态的发生，请试着使用区分能力来做出假设。

你需要做好 A、B 两种方案，根据不同的情况，采取不同的方案。

我在与自卫队的领导交流时，他们说，在救人的时候，不仅要有 A 和 B 两种方案，还要思考出 C 方案。

在瞬息万变、变化莫测的时代，超越两个假说，建立三个假说，即 A、B、C 三个方案，可以更好地随机应变。

当然，在这个过程中，如果你明确了哪些是该做的事，哪些是不该做的事，就可以一点一点地细细调整。

最重要的是，始终要怀有"这边不行的话，就在那边一

决胜负"的想法，在避免最坏的事态发生的同时，不断接近
自己想做的事情。

每天进行一次自我问答训练

为了锻炼身体的体能，你需要坚持每天做 10 次仰卧起坐、跑步 30 分钟，制定合理的运动训练计划。

锻炼思考的体能也是一样的。在各种各样的思考训练中，有一种超级简单的训练，每天只需要一次，每次一分钟就能完成，那就是"自我问答训练"。

比如，当你坐电车的时候，从映入眼帘的一切事物开始进行思考："这里为什么有灯？""为什么显示器在这个位置？"等等。

然后，再试着使用全局能力、区分能力、精细分解能力等，给出自己的答案。

就像你给肌肉增加负荷进行锻炼一样，通过不断地思考为什么，增加大脑的训练负荷，使大脑得到锻炼。

如果你每天只是将电视和网络上的大量的信息被动地输入到大脑里，是无法形成思考能力的。

无论什么信息，要像小孩子那样不停地追问为什么，对于目之所及的一切事物都要怀有一种好奇心。

从追问"为什么"开始，锻炼思考体力的训练就已经启动了。

在锻炼怀疑能力的同时，也能锻炼专注力，减少你在学习和工作中的失误。

接下来，介绍一种方法，让你不再错过重要的事情，尽量减少失误。

当我们在做企划书、创意方案时，都会把自己认为正确的东西总结出来并进行提交。

在完成的瞬间，自己会有一种解脱的感觉："终于写完了！"但是请牢记，在提交之前一定要问自己："这个资料是不是还有完善的空间？"

这样你就会重新审视现在所做的事，也会重新审视已经被自己判定为"做得很好"的事情。

这样，只有通过怀疑自己，才能够注意到文件中的错字、漏字以及不当的措辞和计算的失误等，尽量减少错误。

尤其是那些特别粗心、容易犯错的人，请将自己的答案和资料重新进行两三次确认。

我在考东大的时候，每科考试时都会在脑海中这样提醒自己，果然在物理科目上发现了错误并及时改正过来。

在工作中，也要每周拿出一天的时间来对自己进行否定。并试着去怀疑自己所做的工作："这样真的好吗？"

这样，你就会从完全不同的视角看到另一个世界，也会发现更好的创意灵感和新的商机。

一直以来，"要想消除交通拥堵，只能修建新的道路或减少车辆数量"这一理论始终被认为是正确的。而我的"拥堵学"正是从否定这一理论开始的，我认为应该不只是这样。

于是，我开始思考："是否可以通过改变驾驶行为，而非道路和车辆的数量来解决这个问题呢？"最终，我利用自己擅长的应用数学知识，找到了消除交通拥堵的对策。

像这样，通过自我问答训练，可以助力人们解决工作、生活乃至商业领域的相关问题。

第 6 章

处理人际关系的思考习惯

交流的五种模式

在人际沟通中，你可能会有一些这样的烦恼。

"为什么别人无法理解自己？"

"为什么我不能清晰明确地传达自己想说的观点呢？"

这些人际关系的烦恼大多是因为误解。

误解就好似沟通过程中的拥堵。

一旦产生误解，人际关系就会变得复杂扭曲，也是很难修复的。

即使自己想要消除误解，也很难如愿以偿，甚至可能导致更深的误解，使人际关系进一步恶化……

那么，容易被误解的人和容易误解别人的人，到底出现了什么问题呢？

反之，就算被误解也毫不介意，对其置之不理的人，又有哪些不同呢？

多年来，我自己也曾经因为这些问题而烦恼不已。于是我分析了产生误解的原因，并思考预防的方法。

在为人际关系而烦恼的时候，必须通过全局能力和区分能力冷静地把握情况，做出正确的判断。

为此，我想谈谈自己通过科学的分析得出的"误解的机理"和处理方法。

交流是以将信息的真实意图传达给对方的"说者"和解读该信息的"听者"之间的互动为基础的。

我们可以通过下列字母来理解互动的过程：

说者的"真实意图"……I（Intention ＝意图）

说者发出的"信息"……M（Message ＝信息）

听者的"解读"……V（View ＝见解）

通过这三个字母来区分的话，我们可以看到说者发出的信息有两种类型，一种是和真实意图相同的情况，即"I ＝ M"，而另一种是和真实意图不同或传达有误的情况，即"I ≠ M"。

而听者在解读信息的时候，也分为两种情况。一种是照单全收地接受对方的信息，即"M ＝ V"，另一种是没有全盘接收对方的信息，即"M ≠ V"。

那么，最终的结果是，如果听者的见解（V）与对方的真实意图（I）一致，则为"V = I"，如果不一致，则为"V ≠ I"。

如果是完全相互理解的两个人，就会形成"I = M"且"M = V"的等式，根据等式的传递性可知，双方之间会形成完全没有误解和怀疑的"I = V"的理想关系。

但遗憾的是，在现实生活中，任何两个人之间的信息交换都有误差。

于是，通过分析说者如何发出信息，听者如何接受信息，我运用数学方法进行了组合，发现有以下五种情况：

交流的五种模式

1. I = M = V = I

说者坦诚地发出信息，听者也坦诚地接受信息。两者的感受一致，理解完全一致。

2. I = M ≠ V ≠ I

说者坦诚地发出信息，但听者对此信息产生了误解或怀疑。

3. I ≠ M = V ≠ I

说者欺骗或诱导听者，而听者坦诚地接受了说者的信息。

4. $I \neq M \neq V = I$

说者发出了与真实意图不同的信息，而听者也对此信息产生怀疑，看穿了其真实意图。

5. $I \neq M \neq V \neq I$

说者发出了与真实意图不同的信息，而听者对其进行了不同含义的解读。由于错误信息的互动，导致了全面误解。

其中，第一种情况是建立在双方相互理解的基础上的，所以没有问题。

反之，第五种情况容易出现在相互欺骗的两个人之间的对话中，双方并不以相互理解为目的，因此也没有必要去解决。

通过怀疑能力可知，能够提升顺利沟通的可能性的情况是2、3、4这三种。

当你因为人际关系紧张而烦恼的时候，可以对照一下自己符合哪种模式，也许就能找到自己在交流中的问题。

另外，我们平时和别人交流的时候，如果能够下意识地去判断自己是五种类型中的哪一种，就可以提升怀疑能力，尽量减少沟通中的误解。

通过怀疑能力消除对方的误解

可能有的人会感觉"怎么这么多符号,好复杂啊",请放心,接下来我会用通俗易懂的方式,对交流的 2、3、4 模式进行逐一说明。

我们举几个实际的例子,来说明在什么场合发挥怀疑能力才能减少误解。

2. $I = M \neq V \neq I$

在这种情况下,说者坦诚地发出信息,但听者对此信息产生了误解或怀疑。

虽然说者坦诚地传达了真实意图(I),但是听者并没有原封不动地去解读这个含义。

对于这样造成的误解,只要说者使用怀疑能力确认了听者的解读有误,那么直接反馈给对方就可以了。

最常见的事例就是老师发现了学生的误解之处,并向其指出错误。

或者，上级指出下级的错误，教给他们正确的做法，并使其改正。在这种情况下，听者并非刻意做出曲解，因此说者在指出其错误的时候，不能对其错误和误解加以指责。

另一方面，听者可能有先入为主的观念，或者容易感情用事，导致说者的真实意图（I）无法被准确传达。

这种情况下，需要去除听者的成见，使其保持冷静的倾听，之后再重新表达自己的意图。

作为避免误解的一种手段，我们可以借助第三方提前了解清楚与我们对话之人的情况。

比如，在聚餐时，如果交流的对象与自己是初次见面，而且跟自己的想法不同，那么我们就可以通过与其熟悉的第三方，了解一下对方是什么样的人。

这样的话，可以减少自己的偏见和成见。而且，一旦了解了对方的为人，自己的心态就会变得从容，见到对方时也能够冷静地进行交流。

3. $I \neq M = V \neq I$

这种情况下，说者欺骗或诱导听者，而听者坦诚地接受了说者的信息。

在商务场合，最常出现的是将真心话和客套话区别使用的"$I \neq M$"的情况。

比如，当有自卑心理的人或不可信赖之人向你请求工作上的帮助时，虽然你打心里不想和这个人一起工作，但会客气地以自己很忙或者有其他的事情为由拒绝，这种情况也适用于此。

但是，如果被拒绝的一方深信"$M = V$"的话，就会完全相信对方的话，进行正面解读，并准备等他忙完以后再联系。

这种类型的人不理解什么是客套话，不懂得吸取教训，而且还会再次去拜托对方，并再次被婉拒，这种情况很可能会反复出现。

反之，怀疑能力强的人，则会倾向于相信"$M \neq V$"。

所以，他能够解读出"每个人都很忙，如果对方以忙为理由，很可能是想拒绝的意思"，理解了对方的真实意图，就会干净利落地放弃。

4.I≠M≠V＝I

在这种情况下，说者发出了与真实意图不同的信息，而听者也对此信息产生怀疑，看穿了其真实意图。

在这里，我给大家讲一个事例，是从京都周边落语①中诞生的著名"京都的茶泡饭②"的故事。

京都的人如果想让客人早点离开，就会向客人说："要不要吃点茶泡饭？"这句话包含了主人"没有什么可以招待的"这个真实意图。

如果是一个听不懂话的人，可能就会直截了当地表示同意，并说句"谢谢"。而具有怀疑能力的人会想到"让客人吃茶泡饭，真奇怪""这应该是希望客人早点走啊"。他们不会全盘接受对方的话，而是想办法去理解对方的真实意图。

所以，他们会礼貌地拒绝说"茶泡饭就不吃了，我该告辞了"，然后匆忙离开。

————————————

① 落语：日本的传统曲艺形式之一。起源于300多年前的江户时期，无论是表演形式还是内容，都与中国的传统单口相声相似。
② 茶泡饭：指的是用热茶水来泡冷饭。通常以盐、梅干、海苔等配料，和饭一起泡。制作方便，取材简单。

也就是说，说者和听者仅仅通过简单的信息互动，就能理解彼此的真实意图。

像这样通过察言观色，理解对方语言背后隐藏的真实意图，双方就能很好地进行交流。这也是日常生活中很常见的事情。

人类的语言，分为真心话和客套话。

要想知道对方说的话到底是真心话还是客套话，首先要使用怀疑能力来思考一下，冷静地判断后再做出回答，这是交流的基本方式。

要有非语言意识

在现实生活中，常常会有这样的情况发生。就算想把自己的想法尽可能坦诚地传达给对方，有时也会因为措辞不当、表达含糊，无法顺利地与对方沟通。

我们再怎样注意说话方式，这种烦恼也难以避免。所以现实的做法是在双方交流的时候，在这方面多加留意，并随时进行调整。

此时，一定要意识到"非语言"的信息。

我们在与他人对话的时候，常常会通过眼神、表情、动作等方式，向对方传达非语言的信息。

其实正是这种非语言的表达，在交流中发挥了重要的作用。

如果不太理解对方所说的信息，或者对对方所说的事有些怀疑的话，听者就会歪着头做出不解的表情。

如果对方讲的话很无聊或令人厌烦，听者就会抖动双腿或者用手指敲桌子。

另外，要使用全局能力来读取对方语调中的抑扬顿挫、讲话的姿势以及当时的氛围等语言之外的信息，即非语言信息，这样也能减少交流中的误解。

在认知心理学中，有一项有趣的非语言信息研究，叫作"话轮转换[1]"。

比如，两个人同时走向狭窄的出口，即使彼此不交谈，也要做一些表情和动作。这样的话，就可以自然而然地确定走出去的顺序，我想大家应该都有过类似的经验。

身体向出口的方向快速移动，或者反向拉回身体，通过这种方式，互相传达某种信息，实现交流。

对话的顺序也是一样的。在多人对话的场合中，说者和听者会根据时机和眼神的交流实现交替对话。

我们在平时无意识中，也在进行着这种非语言交流，让

---

[1] 话轮转换（Turn-taking）：会话中说话人和听者角色的不断相互变换。如说话人可以通过某种方式明确选择下一个说话人，还可以自动放弃话轮，让听者一方或多方通过自选方式取得话轮，实现话轮转换。听者也常常表现出实现话轮转换的主动性，伺机自选，取得话轮，使会话能够顺利进行。

我们在工作和生活中能够顺畅地与人沟通交流。

当然，有时我们也会因为非语言信息而产生误解。

比如，在一家店里，一个女人正在饶有兴趣地看着某位男性客人身后贴着的明星海报。

那么这位男性客人可能就会产生误解："这个女人是对自己有好感吗？"

但也有的男性客人会猜测："是不是自己身后有什么东西？"于是回头看到海报，心想果然如此。

思考对方的动作到底意味着什么，并为此采取适当的言行，这才是交流的关键所在。

当你对非语言信息变得敏感，能够捕捉到其真实意图时，说明你已经拥有了怀疑能力和精细分解能力这两种思考能力。

我们在与人交流时，要想了解对方的心情以及提高对谈话的理解程度，避免说话不当引起误解，一定要习惯这种语言以外的非语言交流。

英国的人气喜剧《憨豆先生》和卓别林的无声喜剧系列电影，都属于运用非语言信息的经典范例。

虽说不靠语言的力量，很难传达复杂的情感，但是，我们要知道仅凭非语言信息也是可以实现交流的。这两部作品就是最好的例子。

如果既没有语言信息，也没有非语言信息，交流是比较困难的。

尤其是邮件这种交流方式，由于没有非语言信息，所以很容易产生误解。

在传达重要的事情以及进行交流讨论的时候，尽量不要在线交流，而是采用面对面交流的方式比较好。

试着维持中立型人际关系

无论在交流中多么心细如发，我们都不可避免会产生一些误解和小摩擦。

那么，怎样才能从人际关系的烦恼和压力中解脱出来呢？

虽然我们都很憧憬那种"毫不在意任何细节"的生活方式，但这并不是一件容易的事。

因此，我充分利用思考体力，持续思考了五年左右，终于找到了关于人际关系中产生误解该如何去做的方法。

首先，将一对一的人际关系分为以下三类。

收敛型：只要努力消除误解，就可以相互理解的关系；

发散型：误解已经不可修复的关系；

中立型：既没有完全相互理解，也没有消除误解，但也并未分离的关系。

这是将力学理论这一复杂的物理理论应用于人际关系的想法，但从物理的角度来看不可思议的是，居然还可以选择模棱两可的第三个选项。

如果换成男女关系来进行说明的话，可能更容易理解。

两人相亲相爱，虽然偶尔会吵架，但关系可以修复，是关系很好的情侣——收敛型人际关系。

经常发生误解和小摩擦，总是吵架，最后只能分手的情侣——发散型人际关系。

虽然会吵架，但并没有分手的想法，所以彼此不在意细微之处，是一种不离不弃的关系——中立型人际关系。

在收敛型的关系中，双方为了弥补误解造成的隔阂，会不断地进行商谈和协商，努力修复关系。

比如，一位作者出版了一本很有自信的作品，却被读者误解，网上有很多批判性的帖子。

这样的话，就会有更多人对作者产生偏见，所以作者会采取在网上发表长篇文章进行反驳的对策。

我的书也曾因为明显的误解而受到批判。

在这种情况下，如果对方表明了自己的真实姓名和真实身份，我会花费相应的精力去尽力消除误解。

但如果对方是匿名的，即使进行反驳也无济于事，这时我会采取中立型的态度，置之不理。

发散型的关系分为两种情况，一种是因为谈话或吵架而造成的无法修复的关系，只能无奈放弃，离开对方，比如夫妻离婚。而另一种则是无论如何都不想和产生误解的对方见面，比如邻里之间产生纠纷且不可调和时一方搬家离开。

夫妻之间决定离婚，邻里关系产生纠纷时决定搬家，当在物理方式上无法分开时，有些人还会诉诸法律。

当然，双方切断关系后变得和谐的例子有很多。

除了实在忍无可忍的情况外，维持第三种中立型关系也是一个不错的选择。

若即若离、保持一种平行线的关系，并根据彼此的具体情况进行交往的话，就能保持一种细水长流的关系。

像收敛型那样，为了消除误解而花费大量精力，这种努力经常以徒劳告终。

而如果像发散型那样，每次吵架后就断绝关系，我们最后很可能变成一个孤家寡人。

因此，这时可以采取第三种中立型的关系，视情况而定。如果关系好转的话，就可以转为收敛型；如果还是不想与其交往的话，就变成发散型，分开就可以了。

中立型，既不是一种妥协方案，也不属于消极方案。应该说，这是一种为了努力维持来之不易的人际关系而做出的积极选择。

如果你因为人际关系紧张而烦恼，可以先试着以平行线的方式去交往。

这样想的话，就会感觉很轻松。

第 7 章

能够马上行动起来的思考习惯

即使错了也要发表自己的意见

养成思考习惯后，具体可以处理哪些问题，我在前文举的很多例子中已经做出了说明。

那么，就只剩下一个问题。

做还是不做。

大脑中已经知道的事情，如果不付诸行动，就等于什么都不知道。

因为某种机缘而读到了这本书，但你如果什么都不做，也就白白浪费了。

如果是这样，那么对于本书作者的我来说，简直太遗憾了。因此，在这一章中，我将给大家介绍一些实用的实践性建议，让大家可以通过思考体力去采取行动。

如今的时代，社交软件已经成为日常生活的一部分。

你可能也已经在使用推特^①、照片墙^②等社交软件了。

最近，通过语音和视频发送信息的人也在不断增加。

这件事本身是一个非常好的倾向，但问题是"发送什么样的信息"。

"我饿了。"

"某店的拉面很好吃。"

诸如此类流水账一样的自言自语，不属于意见交换，所以没有什么意义。

"我觉得这样做比较好，理由是这样的"。如果以这种方式表达自己的意见，就会获得别人的反馈，就能客观地了解到自己的意见在社会上是否会产生很高的共鸣。

如果自己掌握的知识或意见是错误的，也有机会被别人指出来，并通过自我调整让自己获得成长的机会。

如果你觉得突然在社交软件或博客上表达对时事问题的意见有困难，可以先和朋友认真地探讨一些问题。

---

① 推特（Twitter）：是一家美国社交网络及微博客服务公司，致力于服务公众对话。

② 照片墙（Instagram）：是一款运行在移动端上的社交应用，以一种快速、美妙和有趣的方式将随时抓拍下的图片彼此分享。

强烈建议大家定期安排关于时事问题的探讨会。在这种探讨活动中，大家不仅可以明确自己的观点，还可以获取各种各样的意见。

另外，我们也可以从在公司的会议上发表意见开始做起。

发表意见的次数越多，获得的反馈数量也就越多。在此期间，你既可以用全局能力来纵观社会上的常识，又可以用怀疑能力来调查对方意见的根据。同时，还可以使用精细分解能力来思考自己的意见到底哪里错了。

这样循环往复的过程，既锻炼了我们的思考体力，又减少了思考的偏差和错误。

反之，如果什么信息都不发出去，就无法了解自己的意见和想法是否正确，既不能增加自信心，也无法获得成长。

很多人之所以不敢表达自我主张，是因为担心自己说的话会被反驳，害怕说错了太丢脸，不想因为自己的发言而破坏现场气氛。

但是，别人和自己本来就是不同的人，所以意见不一致也是理所当然的。

即使是亲子之间或夫妻之间也有意见不合的时候，所以与他人有意见分歧是很正常的事。

如果你对这些理所当然的事情感到不安，从而错失了通过表达自我主张获得成长的机会，对于自己的人生来说会是一件憾事。

很多人对自我主张有种误解，其实自我主张的行为并不是要挑起事端，也不是要扰乱和谐的氛围。

其实，越是优秀的人，越能在明确地表达自己意见的同时，协调好各方面的关系。

如果某个人的主张会破坏和谐的气氛，很大程度上是因为发言人的性格（比如容易情绪激动、经常抨击他人、恶意评价他人等）。

其实，我也曾在一段时间内，对自己的判断没有信心。

但是，即便再没有自信，我也从来没有停止过提出自己的意见。

现在回头来看，虽然自己当时所提出的大部分的见解都是错的，但是，我依然认为正是由于当时不惧怕错误的发言，我的想法和研究内容才得到了梳理，甚至还因此结交了一批真心支持我的合作者和朋友。

有很多人因为害怕错误而不敢发言，但其实任何事情都一定会有赞成和反对的两种声音。每个人的意见各有不同是理所当然的，因此，不能得到所有人的认可也是很正常的。

　　向外部发出信息，其好处在于能够得到反馈。因此，最重要的是要倾听反对意见，看清事物的本质。

　　请记住，不能主张自己观点的人是无法成长的。

在持续思考之前先试着做做看

　　很多人即使能够通过自我驱动能力决定想要做的事情，但当通过多重思考能力进行思考时，却无法持续地思考，这种情况很常见。

　　遇到这种情况时，不要考虑得太远，只要先试着做做看，就能够实现思维的飞跃。

　　比如，当自己想不出答案时，哪怕头脑中是一片空白，也要强迫自己进行这样的自言自语：

　　"这个问题的答案是 ××。"

　　"这个问题，如果这样做就可以解决了。"

　　"我知道答案，其实就是这样的。"

　　就像这样，先把答案说给自己听。首先要从说话开始做起。

"不，这样做不对，那样做才是对的！"

"是不是还有其他的解决方法呢？"

首先要做出诸如此类的自我对话，接着再进一步表达自己的意见。

有趣的是，这样做的话，你自己就会给予自己反馈，并一点点地找出解决方案。

再或者，你也可以把之前思考的整个逻辑过程说出来。

这样做，答案会令人不可思议地出现在眼前。所以，这个方法非常值得一试。

在会议上，有的人在尚未整理好自己的想法时就开始发言，所以周围的人会指出"要整理好思路再发言"。但这并不是坏事，请不要过于在意。

在大学的会议上，也有这样的人。

这类人最开始是喃喃自语，边讲话边整理想法，最后会总结出一个很好的想法。

搞笑艺人和评论员也是如此，不少人都在践行这种方法，就是首先开始讲话，随后再思考话题的走向。

写文章也是一样。

并不是等有了想法再写，而是写着写着就会产生想法。也就是说，通过写作来整理大脑中的思路。

因此，当遇到思考瓶颈的时候，首先说出来、写出来是很重要的。

习惯先做再说的人，哪怕跑步的时候也在思考。

我们以书店店员 A 和 B 为例，来看看能做到这一点的人和做不到的人的区别吧。

这两名店员的经历差不多，职业生涯也没有太大的差别，店长让他们销售某种书籍。

A 店员和 B 店员分别采取了以下行动。

【A 店员】

为了向顾客宣传书籍，制作了手绘广告；

为了在线上商店同时进行促销，与店长商量"可否通过店铺博客和社交软件进行介绍"；

制作了各种各样的手绘广告，比较哪个效果好。

【B 店员】

书籍摆放在显眼的位置，等着客人来购买；

店长提出要求后，才做了一个手绘广告；

每当想提出什么建议的时候，就感觉会被别人说成"多此一举"，所以一直保持沉默，冷眼旁观。

感觉怎么样？你觉得哪个店员能够卖出更多的书？

谁都会认为 A 店员更具有销售能力吧。

A 店员自己做手绘广告，与店长商量网上促销，对比几种手绘广告方案，并试着进行自我改善。

A 店员具有自我驱动能力，想到什么马上去做，失败了再考虑下一步。所有行为都是自己积极主动的结果。

A 店员还拥有多重思考能力，能够思考接下来应该做的事情，也拥有飞跃能力，能够利用网络进行促销。此外，他还拥有对手绘广告进行对比分析的区分能力。

而另一方面，B 店员是属于他人驱动的人，所做的事情都是被动的，别人说一步才能做一步。

他也许拥有思考体力，但非常遗憾，由于自己没有主动去行动，就会被人当作没有思考能力的人。

如果双方在业务能力方面没有太大的差别，那么具有主动性、不怕失败、敢于率先尝试的人，一定能够创造出成果，获得成长。

大胆行动是迈向成功的第一步

虽然我们对待任何事情都要谨慎行事，但摸着石头过河也并不是什么坏事。

在成功者中，大胆且细心者居多。

家喻户晓的京瓷[①]创始人稻盛和夫先生曾说过："只有大胆和细心兼备，才能把工作做得完美。"

多级思考能力、怀疑能力、精细分解能力固然重要，但更重要的是，当自己的思考达到了某种可执行的程度时，要相信其正确性并付诸行动。

无论多么细心地进行分析研究，我们都很难做到百分之百的安全放心。

即便会有一些风险或顾虑，也要通过大胆的行动使其进展到下一个阶段，让自己与成功更近一步。

[①] 日本京瓷公司：最初为一家技术陶瓷生产厂商，由稻盛和夫于 1959 年创立。

如果因为害怕风险而什么都不做，恐怕迟早会承担更大的风险。

和欧美人相比，日本人更加害怕风险，很难快速行动。

如果说日本人是"不懂就不做"，那么荷兰人则正好相反，他们的想法是"不懂，那就先试试看"。

同样在欧洲，德国人可以算是慎重派了，跟日本人很像。

我曾听到一种说法，在欧洲，当一件新生事物开始流行的时候，第一个实践的是荷兰人，而德国人会根据其结果来决定做还是不做。

高速公路按距离收费的制度，就是最早由荷兰进行实验性尝试的。

高速公路的费用一般是在进出高速口的时候支付的，这个制度要求所有车辆都搭载 GPS，从而计算出车辆行驶距离并据此收费。

在其他国家对这个制度观望不前的时候，荷兰早已开始了导入前的准备工作，即使当时荷兰并不具备可以导入的条件。

据说周边国家都在等待荷兰的实验结果，以决定自己是否导入。

日本正在探讨的导入"共享道路空间（Shared Space）"的问题，最早也是从荷兰开始的。

为了使城市交通保持安全且顺畅，人们诞生了共享道路空间这一想法，就是把道路上所有的信号灯和交通标志都撤走，让机动车和行人都可以自由移动。

很多人认为如果没有了信号灯，肯定到处都会发生交通事故，危险性很高。但导入这个制度后，交通事故反而减少了。

因为没有信号灯和交通标志，驾驶变得很危险，所以车辆无法超速行驶。正是因为大家都小心翼翼地开车，所以交通事故反而减少了。

提出这个想法的人一定已经事先预料到了这一点，但实际上到底会怎么样，不试是不知道的。

这个事例诠释了行动的重要性。

以荷兰的导入为契机，"共享道路空间"从欧洲开始，扩展到了美洲和大洋洲。

日本山口县防府市的部分街道，也于 2019 年 9 月完成了"共享道路空间"的导入。

多亏了荷兰的大胆行动，才让世界知道了"共享道路空间"的可行性，并使它作为一种减少交通事故的划时代的制度，在全世界传播开来。

要想果断行动，比起怀疑能力，我们更需要敢于相信的能力。

即使失败了，思考下一个对策就好了。

无论结果如何，向前推进的这个方向都是不会改变的。

让努力的方向与目标保持一致

没有比努力却得不到回报更痛苦的事了。

很多人拥有自我驱动能力，但常常做事不成事，因为努力的方向搞错了。

这种情况下，我们需要通过怀疑能力来分析原因："自己已经这么努力了，为什么不顺利呢？""是自己的选择错了吗？"

为了验证到底哪里出了错，我们需要不断获取反馈，先建立假设，不断尝试，再检查结果，进行调整。

比如，你有一件想做的事，通过多级思考能力朝着目标往前推进。

因为事情不一定全都按计划进行，所以在到达终点之前必须一边调整一边前进。

"我哪里做错了呢？"

"哪个选择是对的呢？"

此时，你需要像这样去追溯努力的方向偏离目标的原因，并思考该做出怎样的决定。

如果可以重新挑战，可以再次尝试自己认为合理正确的事情，并根据其结果进行调整。

这项反馈工作，需要拥有适应能力。

适应能力的具体含义就是"让自己适应周围的条件和环境"。也就是说，要去怀疑自己，而不是周围的人。比如常常问自己："为了让自己适应目前所处的环境，应该做些什么？""自己想要的是什么？"等等，要客观地进行思考并采取合理正确的行动。

就人类的本性来说，人往往容易宽以待己，严以律人。

因此，我们往往喜欢把责任归咎于别人："我这么努力，却得不到别人的认可。""我的努力没有取得成果，是某某的过错。"等等。

但其实很多时候，仔细想想，原因还在于自己。

因此，如果努力和目标的方向出现了偏离，首先应该怀疑的是自己的想法。

我曾经采访过经营了 200 年以上的老字号企业以及持续

经营时间很长的企业，发现了一些共同点。

其中之一就是"一定要有经典产品"。

多年传承下来的"只有这家店才有"的人气产品，拥有着绝对的品牌力量。

不仅如此，能够长期存续的企业，其经典产品一定会根据时代的需求一点一点地改变。

比如，日清食品的杯面就是如此。

这款经典商品50多年来一直保持着不变的人气，但为了迎合时代的需求，其调味料和配料等方面在一点一点地进行着改良。

虽说这是一款备受喜爱的人气商品，但它并非墨守成规、故步自封，而是灵活地适应了时代的变化。

根据帝国数据库的资料，日本企业的平均寿命为37.48年。也就是说，能够持续经营38年以上的企业，都拥有很强的适应时代的能力。

尤其是当今的时代，瞬息万变，一两年前被认为是正确的事情很可能已经发生了变化。

不仅是企业，整个社会都非常有必要随时进行方向的确认，并随时进行调整。

发现自己正在做的事情有种不协调感或有所偏差的时候，就算一切都进展顺利的情况下，也要经常进行确认："现在这样真的没问题吗？"

要想看清努力和目标的方向是否发生了偏离，最简单的方法就是检查自己的压力大小。

如果感觉工作很辛苦，牢骚和不满越来越多，感到身心俱疲的话，很可能你的方向已经发生了偏离。

反之，如果感觉工作很快乐，就不会因为压力而导致身心疲惫。

在这个瞬息万变的时代，即使目标没有发生偏离，我们也要不断地重新审视努力的方向。

我从 50 岁开始练习合气道①，挑战新的事物。就在最近，我还开始了一项新的研究。

大家也一定要每隔几年就去掌握一种新的技能，培养一

---

① 合气道：源于日本大东流合气柔术的近代武术，主要特点是以柔克刚、防守反击、借劲使力、不主动攻击。是一种利用攻击者的动能操控能量，偏向于技巧性控制的防御反击性武术。

种新的兴趣，或者开始一项新的工作，不断地更新自己。

但是，流行一定会过时，如果像冲浪一样只知道一味地追赶时代的浪潮，我们就可能会迷失方向，在意想不到的地方撞上岩石。

不要轻易地随波逐流，也不要迷失自己的目标。

寻找伙伴，不擅长的事情交给别人去做

不愿行动的人，往往有很多消极的想法："如果不顺利怎么办？""如果做不到怎么办？"

但是，如果把这种谨慎当成是多级思考能力、怀疑能力等思考体力中的一种武器，就会变得乐观起来，紧接着就是行动了。

我曾经受邀在一个有志成为研究人员的研究生参加的聚会上进行演讲。

当时我向他们传达的便是"要乐观"的信息。

研究中不可或缺的要素是怀疑能力。

但是，如果这种怀疑能力太过，就容易失去自信。很多研究人员因此认为自己根本就没有作为研究人员的资质，从而选择了放弃。

所谓研究，就是要与这种自我怀疑做斗争。那些取得新发现等巨大成果的人，都是能够克服怀疑想法的乐观之人。

也就是说，要想提升自己，获得成功，需要在具有怀疑能力的同时，拥有乐观的心态，相信自己的天赋。

一旦变得乐观，风险也随之加大。虽然风险越大，失败的概率就越高，但失败对你来说并不会产生负面影响，反而是一种进步。如果你一直停留在安全地带，就只能原地踏步，无法前进。

反之，如果你猛冲快跑，那么即便摔倒了，只要养成了思考习惯就能迎刃而解。最后，一定要使出相信的力量展开行动，通过获得的经验进行持续思考，不断地前进。

为了实现自己的目标，哪怕自己不擅长的事情也必须要去做，对于很多人来说，会感到举步维艰。这时，他们通常会想，如果有什么事自己做不到，那就交给别人去做吧。如果遇到自己不擅长或没有自信的事情，还是找擅长的人来帮忙比较快。

我所尊敬的德国经济学家恩斯特·弗里德里希·舒马赫 [1]

---

[1] 舒马赫：英籍德国著名的经济学家，曾在许多国家从事教学、工商业、农业及新闻等工作，长期担任英国政府部门的经济顾问，还创办了英国中间技术发展公司，任董事长，是英国土壤学会的理事长。

也极力强调把一些工作委任于他人的重要性。

特别是处于上级地位的人，如果过于压制下面的人，长此以往，这个组织就会分崩离析。

把什么样的工作，在哪个范围内交给别人去做，会根据委任人的度量和自由裁量而发生变化。

特别是双方处于上下级关系的情况下，一般来说，上级都会怀疑下级的能力，也深信如果自己去做会有更好的结果。

但是，如果选择相信并交由他人去做的话，自己的时间就会相应增加。

对于忙碌的现代人来说，没有什么比时间更重要的了。

反之，什么都是自己大包大揽，那么不仅无法增加自己的时间，反而时间会越来越少，甚至连认真思考的空闲都没有了。

无论多么优秀的人，都不可能自己一个人完成所有的事情。

所以，当我们开始行动的时候，如果感觉自己一个人完不成的话，千万不要放弃，而要使用飞跃能力，下决心让别人去做。

如果你能做到这一点，就能获得更大的成功。

现代社会的课题错综复杂，即便只是一个环境问题，其中还分为自然保护问题、粮食问题、全球变暖问题，等等。

过去的时代，曾经极为重视那种可以将一个问题进行深度挖掘的具有专业思考能力的人。但是，当今社会所需要的人才不止于此。

当今社会需要的是具有复合型思维的人，这类人能够随机应变地应对各种错综复杂的问题。

所谓复合型思维，就是"思考体力"。

当自己思考的事情付诸实践的时候，需要拥有能够应对复合问题的行动力。

为此，我们需要能与我们并肩作战、一起合作的伙伴。

为了找到伙伴，要不断学习自己感兴趣的主题。

不要把自己关在自己的世界里，要不断地走出去与人交流。

通过多种多样的人际关系，接受各种各样的价值观和想法的刺激，最终会养成自己的思考习惯。

| 后记

每个人都平等地拥有思考能力。

但是，没有人会告诉你该如何使用它。

在东大读书的时候，周围全都是天才，我感到很自卑。正是因为意识到了自己的这个盲区，我开始主动开拓自己的人生。

通过锻炼思考体力，我养成了思考习惯，从而能克服种种困难。

然而，纵观整个世界，还有很多人不知道该如何使用思考能力。

特别是新冠肺炎疫情发生以来，拥有持续思考能力的人和没有这种能力的人之间的差距越来越明显。

你认为新冠肺炎疫情所带来的空白期，是一种危机还是一个机会呢？

拥有思考习惯的人和没有思考习惯的人，首先在这个起点上就会产生差距。

当一直以来认为是理所当然的常识突然崩塌的时候，你会觉得"自己已经不行了"，还是认为"这是开始新业务的机会"？

已经读到这里的你，一定会选择后者吧。

有些人可能已经兴奋地开始思考新生事物了。

14 世纪蔓延到全世界的鼠疫大流行，是史上规模最大的一次疫情，导致欧洲三分之一的人口失去了生命。

鼠疫流行期间，还是大学生的牛顿在大学停课两年的时间里，竟然发现了万有引力定律。

如果没有鼠疫，万有引力定律也许不会被发现。或者即使能被发现，也会在更晚的年代。

每当陷入危机的时候，就会产生新的事物，时代的大潮也会发生变化。

人类的历史，也可以说是通过破坏和再生的反复循环发展起来的。

社会发生巨大变化的时候，正是重新审视一切的绝佳机会。

关键词就是"重新定义"。

如果我们将商业模式、人生规划、人际关系和自己本身等重新审视、重新定义的话，一定会有新的发现。

当社会发生巨大变化时，为了应对预想之外的事情，通过区分能力来增加选项也非常重要。

今后，日本也会像欧美那样，"作业型雇佣"的动向无疑会加快。

比起学历和年龄，将来社会会更加重视一个人拥有什么样的技能、资格证书和经验。

我也着眼于 5 年、10 年后的未来，思考如何开拓新的研究领域，并于近期阅读了三本厚厚的专业书籍。

要想开拓新生事物，需要具备新的知识。

请一定要思考如下问题：

在哪个领域会有什么样的机会的种子？

将来的社会，亟待解决的课题是什么？

做什么事对别人有帮助？

今后在社会上需要拥有什么技能？

自己的"卖点"是什么？

如果运用自我驱动能力、多级思考能力、怀疑能力、全局能力、区分能力、飞跃能力、精细分解能力，就能自然而然地找到自己该做的事情。

如果能养成运用思考体力进行持续思考的思考习惯，那么对你来说就是最强大的武器。

希望大家一定要拥有自信，在享受时代变迁的同时，丰富自己的人生。